カニ先生の
タコペディアにっぽん

カニ先生の
タコペディアにっぽん

可児弘明
Hiroaki Kani

岩波書店

はじめに――タコの吸盤

英語では悪魔扱いすらされているあのタコを、誰が最初に食べたのか、あなたも一度は思ったことがあるにちがいない。姿、形はなんとも奇妙であるが、タコは精巧にできた体と目をもち、知能も高い。無限にある海水を燃料代わりにして、ジェット噴射のしくみさえ開発している。刺身・酢の物・煮物・揚げ物・おでん・干物・マリネ、日本の味覚を演出してくれる愛《う》い存在でもある。こういうタコ談議になると、ちょっぴりお喋りになる。なにしろ七十余年前にタコで学部の卒業論文を書いているのである。体形の芯となる骨格や表面を覆う殻をもたないタコは、貝塚にもその痕跡を残さない。それでは考古学はタコについて発言できないのかを論じた、若気というか、気負ったテーマであったのだが、有体にいえば、石錘をつけた釣具で、タコの好物であるガザミ(海産のカニ)などを餌にして釣りあげる漁具を題材としたのにすぎない。修士の時の研究テーマは鵜飼、博士課程のそれは船上生活者、教師になってからは港町や海外移民の歴史研究など、私にすれば一貫性をもつ「海もの」研究のつもりではあるが、あるいは一種の浮遊状態が続いているというべきなのかもしれない。

こうした歳月の中で、未だに縁が切れないのがタコであって、余技ではあるが、機会さえあればタコ百般に関する資料をこまめに集めている。以前、講師派遣で岡山を訪れた時も、慶友会のMさん、

Sさんのお世話で、瀬戸大橋のたもとは下津井で、備讃瀬戸の海底から底曳き網で揚がった古いタコ壺のコレクションを見せていただいた。旧象化石の研究家、山本慶一さんが集めたものである。時代と地方、タコの種類によって、タコ壺も形態、大きさ、使用法が千差万別であり、瀬戸内漁民のタコに寄せる思い入れの程をよく偲ぶことができた。タコに見入られたのは、タコ学士である私一人だけではないとみえる。

おでん酒をやりながら、タコの吸盤から逃れられない話をしたら悪友たちがこう言った。「カニはタコの好物だから、吸いつかれても仕方がないよ」と。

目次

凡例

一、人名は敬称を省略する場合がある。
二、姓名、肩書、地名などは、原則として初出時のままとする。
三、出典からの引用は、原則として新字・新かなづかいにして記載した。
四、現代の視点からすると不適切と思われる表現を含む資料を引用する場合もあるが、歴史の著述上、原文のまま記載した。
五、タコの表記をめぐっては、「たこ」「蛸」「章魚」等さまざまあるが、本書では、それぞれの文中のニュアンスを生かすため、あえて統一をしていない。諒とされたい。

I　蛸「八」変化

1◉蛸の足考

古今東西の強者

交通の発達によって地球が狭くなり、世は多文化国家、多民族社会である。異文化を理解し相互の文化を尊重し合う必要性から文化の多様性がしきりに強調される。それはそれで結構なのであるが、人類のホモ・サピエンスとしての共通性が認識されなくてよいということにはならない。力が強いだけでなく、暴力的かつ残虐な性質をもち、人間に害を及ぼす苦手な相手、というのが人間が大蛸にもつ共通イメージなのである。そういうと定めしクストー(Jacques-Yves Cousteau)隊長から異議が出ることであろう。魔王アポリオンさえ手なずけて馴らしてしまうシアトルの女性ダイバーの存在を紹介しているからである(J＝Y・クストー、フィリップ・ディオレ『海底の賢者 タコ』)。しかし本稿では現実がどうのこうのというのではなく、どのように想像されていたのかが問題なのである。

まず考えてみたのは、古今東西を通じて大蛸に振り当てられる役向きは強者であって、時に暴虐であってもやさしき存在や滅びゆく弱者ではないことである。西には大船を襲いマストや舷側に太い足を巻きつけ、船員もろとも海中に引き込む北欧スカンディナヴィア伝説のクラーケンがあり、東には福岡藩の藩儒貝原益軒の著書『大和本草』巻十三（一七〇九年）が述べている、牛馬を取ったり夜泊する小船に手を伸ばして人の有無を探ったりする但馬の大蛸がいる。また大坂の医師、人見必大が漢文で著した『本朝食鑑』（一六九七年）は、長い足で人や牛馬を巻き取り、吸盤で瞬時に生血を吸いつくす大蛸の話を伝えている。

人の命は取らないが肝を取る大蛸を題材にした朋誠堂喜三二作、喜多川歌麿画『鮹入道佃沖』（一七八五年）については後述する（本書一一三頁参照）。さらに曲亭馬琴の読本《よみほん》『俊寛僧都島物語』巻四（一八〇八年）も蛸がとらえた獲物を「疣《いぼ》をもて先ずそれを吸う」と書き、「疣の大きさ米五升を納る、瓢のごとく」として巨大さを述べている。歌川国芳（一七九七―一八六二）の錦絵「有王丸」はこの読本の一節、引島の沖でこの辺で見たことのない大きな蛸が浮かび出て、船舷に手をかけ船をくつがえそうとしたのを蟻王（有王丸）が一刀両断で退治して船人や船客から絶賛される話の格闘場面に取材したものである。

以上のように暴力的な大蛸の恐怖を伝える例は枚挙にいとまなく、また明治期にも及ぶのである。月岡芳年画、一八八一年御届、中判二丁掛『東京開化狂画名所』のうち「日本橋魚市場　大蛸の乱暴」（岩切友里子編著『芳年』）は、魚河岸の男六人を相手に大暴れする大蛸を描いたものである。またヘルメット式の潜水冠をかぶりポンプから送られる空気を吸って龍宮へ侵入してきた潜水服の三人を、魚群が総掛りで撃退するパロディー風の作者不明「しん板さかな尽」（金森直治『浮世絵　一竿百趣』）でも、一際大きく描かれた向こう鉢巻きの大蛸が潜水士の脚を抱えて奮闘している。大蛸と格闘するダイバーの話は現代でも聞かれる。

人間が大蛸に悪役を割り振る例をもう少しあげてみよう。司馬遼太郎原作、テレビドラマ『坂の上の雲』の中で大蛸の描かれた世界地図が使われていたのをご存知であろうか。「滑稽欧亜外交地図」であり、伊井春樹『ゴードン・スミスの見た明治の日本』によると、半ば目をつぶった巨大な蛸になぞらえられたロシアが八本足を広げ極東から欧州までを巻き取ろうとする姿を示しており、日本語と英語の説明が付いている。日露戦争(一九〇四―〇五)前夜、ロシアの拡張主義に対する各国の政治状況を図にしたものであり、著者兼発行人は西田助太郎、法学博士中村進午校閲、慶應義塾大学生小原喜三郎案となっている。伊井氏は、日露開戦前夜、日本の立場を外国に理解してもらい、かつ日本の意気盛んなさまを誇示する意図で作られたと見ている。四十年後、今度は日本が悪役の大蛸になぞらえられる。永積昭『世界の歴史13　アジアの多島海』に、太平洋戦争中にオランダ政府が作った、日本の軍事侵略を批難する反日宣伝ポスターが示されている。旭日旗(軍艦旗)を背にした大蛸が太い足を六本長く伸ばし、東南アジアや西イリアン(イリアン・ジャヤ)に巻き付けている図柄である。

また白豪主義時代のオーストラリアは「黄禍」と称してアジア系移民、とくに中国からの移民の大量入国と定住を排斥した。飯倉章『日露戦争諷刺画大全』下巻に蛸の八本足に低賃金労働、不道徳、天然痘、アヘン、贈収賄、賭博など、アジア系移民の悪行を書いた諷刺画が示されている。一八八六年八月二十一日発行の『ブレティン』に掲載されたものであるという。ちなみに飯倉氏は「滑稽欧亜外交地図」が『レヴュー・オブ・レヴュー』(一九〇四年七月号)、『ニューヨーク・デイリー・トリビューン』(一九〇四年五月三十日付)に各々紹介されていると書いている。

大蛸を使った政治諷刺画はアメリカにもある。フランク・ノリス[B. F. Norris Jr. 1870-1902]が、一八八〇年にサンオーキン盆地でくりひろげられた小麦栽培業者と横暴をきわめるサザン・パシフィック鉄道との抗争を物語に構成した小説の題名をいみじくも『オクトパス』(*The Octopus: A Story of California*, 1901)とした、八尋昇訳『オクトパス』がある。いみじくもと書いたのは、「ビッグ・フォー」と呼ばれる鉄道トラストの独占資本的暴力の巨大な影が大蛸の吸盤のように吸いついていたのが一八七〇年から一九一〇年までのカリフォルニアであったからである。石川好『カリフォルニア・ストーリー』に、八腕を八方に広げ政界をはじめとしてカリフォルニアの全権益を巻き上げている大蛸を描いた諷刺画が見られる。

足数を意識する民族、しない民族

しかし現状では、広い世界のことであるから、蛸の足が何本あるかなど、それほど話題にならない国や人があったとしても不思議ではない。韓国に興味深い例がある。赤瀬川原平・ねじめ正一・南伸坊三氏の対談に、韓国人は蛸と烏賊《いか》の区別をあまりしない、蛸と烏賊では足の数が違うじゃないかというと、「日本人はいつもそういう細かいことを言う」とやり返されるというやりとりが出てくる(赤瀬川原平・ねじめ正一・南伸坊『こいつらが日本語をダメにした』)。この話には「関川夏央が書いてたんだけど」という断りがあるのだが、筆者がたどりつけた出典は関川氏の『退屈な迷宮』だけである。それには韓国人は獣肉食の知識は豊富であってさまざまな食べ方をするが、「魚に関してはすこぶるおうようで、スルメの足が八本だろうが十二本だろうが意に介さない」とあるだけである。したがって韓国人は蛸と烏賊の区別をしないという典拠がどこなのか、このあたりの事情はもっと確かめていいかなければならないが、韓国人のなかにはそういう人も一部いるというのが正しいであろう。

歴史的にいうと李朝前期、第四代王世宗（在位一四一八―五〇）の時代に朝鮮半島の各地で蛸が捕獲され、貢納されたことが『世宗実録地理志』によって明白になるので（可児弘明「朝鮮朝時代のタコ産出地について」）、朝鮮半島を蛸を食用にする地としてまちがいない。

これと直接関係はないのであるが、平安時代初期、承平年間（九三一―九三八）に成った日本最古の意義分類体漢和辞典である源順《みなもとのしたごう》『倭名類聚鈔《わみょうるいじゅしょう》』を見ると面白い記事に出合う。すなわち同書巻十九は、イカ・タコを

烏賊　和名伊加（イカ）
海蛸子　和名太古（タコ）
長丈余者　海肌子（一丈以上のタコ）
小蛸魚　和名知比佐木太古（小さきタコ）、一云　須留米（一にスルメという）

と分類し、タコとイカを明確に区別しているのであるが（『覆刻日本古典全集　倭名類聚鈔』三）、小蛸魚を一名「須留米」としていることが面白い。イカを開いて内臓を取り干したものが私たちのいう「するめ（鯣）」であるが、この意味で「するめ」の語を見るのは室町時代中期頃になってからなのである。するめの語源は墨群《すみむれ》の約転であるとするのは『大言海』の説である。烏賊も蛸も墨を出して天敵の感覚を乱す習性を共有するが、平安初期から両者を明確に区別している。それでは小さい蛸（マダコか）を「須留米」といっていた頃、鯣は何と呼ばれていたのであろうか。梶島孝雄『資料　日本動物史』は、烏賊が鯣も含んだ語であったとする『本朝食鑑』の記述に従うが（一五一頁）、楚割（すわわり、す

わり。魚肉を細かく割いて乾かしたもの)に一括していた部分はなかったのか、識者の教示を乞いたい。
熊倉功夫『日本料理の歴史』を読むと、平安後期永久四(一一一六)年の大饗《だいさん》では干物は置鮑、蛸、鳥、楚割の四種であるが、江戸時代、武家の御成の際、式三献の三献では肴はするめ、たこの二品と区別されている。すなわち平安時代、小さい蛸を小蛸魚、一名「するめ」といっていたのが室町中期頃までに意味が変化して鯣を指すようになったのである。この意味変化の背後に何があったと考えられるのか、国語学者に伺ってみたいものである。いずれにせよ国語「太古」の語源は、タは手、コは子もしくは多くのという意であり、「手の多いもの」(大槻文彦編『大言海』たこの項)というだけで、具体的に八本と特定していないのである。この点はイタリア語の polpo や piovra、フランス語の poulpe や pieuvre がラテン語 polypus を引き継ぎ、沢山の足(polys＋pous)というだけであり本数を特定する意識がないのに似ている。

これに対して、蛸が八本足の生物であることを意識して命名した呼称が西にも東にも存在する。英語オクトパス(octopus)がそれであり、ギリシャ語 okto(八)、pous(足)に由来する。蛸を食べない人たちであるが、いかにも博物学好きの英国人らしく八本足を明示した命名である。

アジアで八腕を意識して蛸を命名したのは漢族である。蛸の漢語は章魚であるが、早くから別称や地方名が日本にも伝えられている。そのなかで八の字が付くのは八帯魚・八爪魚・八則魚・八脚魚・八角魚である。爪はニワトリの足を鶏爪というように動物の足のことであり、また則は条と同じで枝の意味であるから、いずれも八腕にちなんだ語としてよい。さらに漢字文化圏の朝鮮で使われた漢字を見ると、八梢魚と小八梢魚の語がある。李朝に仕えた文臣で実学者、李晬光(一五六三―一六二八)の

『芝峯類説』巻二十によると八梢魚はミズダコをいう「絡締」、小八梢魚はテナガダコをいう「文魚」、のことであるという。ところが同じ漢字文化圏にありながら日本では俗称、方言はいざ知らず蛸の八《やっ》足《あし》を反映させた名称は見つからない。このことは、日本人が蛸の足数にこだわるようになったのは、ことによると時代的に後々のものであり、かつ蛸は八足でなければならないとする意識と表裏することを示唆するようにも思われる。なぜ蛸は八腕でないと気がすまなくなったのか、その理由については、蛸の足数が定数の八足から外れたいわゆる「七手の蛸」、「九手の蛸」を蛇の化したものと疑い、魔物扱いしたことに解答が用意されているように思われる。このことは人間関係における異形とか異類に対する差別意識につながる問題でもあるので、七手あるいは九手の蛸がどう定位されていたのか、次に具体例に即して考えてみることにする。

蛇の化した蛸

日本列島において蛇の一種が生きたまま蛸に変化すること、この種の蛸はどれも七本足とされていることは十七世紀ヨーロッパにまで伝えられていた。豊後(大分県)、長崎に三十年を超えて滞在したイエズス会のバテレン、ジョアン・ロドリーゲス『日本教会史』第一部、第七章、第三節「日本において他の動物に変換する不思議な動物について」において、このことを記しているからである。

蛇が生きたまま変じて蛸に生まれ変わることは、当然のことながら国内の書物にも記録されている。刀禰勇太郎氏の著書『ものと人間の文化史74　蛸』によると、文禄五(一五九六)年の『義残後覚《ぎざんこうかく》』巻四が国書としては最古の記録であり、四国の御遍路さんから聞いた話として、くちなわ(蛇)が水中できりきりと舞って蛸となったと伝えるのである。同書では「さけて八ツ」になったという。また、七手の蛸については室町時代の連歌師、宗祇《そうぎ》の名に託した諸国物語を子孫が刊行した貞享二(一六八五)年の『宗祇諸国物語』が初見であり、「七手蛸」は宇土長浜(熊本県)でのこととしている(刀禰、前掲書)。以来、江戸末期に至るまで合計十二の書物にこの種の奇談、怪談が記されているという。このうち蛇化の蛸を七手とするもの二、九手二、七ないし九手とするもの一、残りについては本数にふれていない。七と九つまり奇数、陰陽でいう陽数、非対象であることに気付くが、後で述べるように七手・九手に片寄る意味を深読みする必要はない。

異形の蛸についてもう少し具体的な記述をあげておく。小野蘭山(一七二九―一八一〇)が中国の『本草綱目』をもとに日本の本草について講述したものを孫、門人が整理した『重訂本草綱目啓蒙』巻四十に「雲州及讃州ニテハ石距ハ蛇ノ化ルトコロト云　蛇化ノコト若州ニ多シ　筑前ニテハ　イ丶ダコノ九足ナルモノハ蛇化ト云　八足ノ正中ニ一足アルヲ云」とある。

いずれも狐や狸が人間に化けて本物の人間を誑かす一時的な変身ではなく、別の生物に生まれ変わるのが特色である。刀禰氏によれば、蛇が蛸に化す話を諸国に広めたのは港町を往来する旅商人であり、またその多くが実際の体験談ではなく、又聞きした奇談を筆にしたのだという。ペリーのアメリカ艦隊が浦賀に来航して通商を求めたのは嘉永六(一八五三)年のことであるが、その頃、日本人は「能登、越前にて蛇の化したる蛸は七足なりとて是もくわず。又、蛇の化したる九足有ともいえり。所によりて違いある事にや」(三好想山『想山著聞奇集』)と七足蛸を話題にしただけでなく、伊勢国の海辺で七足の蛸が夜が更けると陸へ上がり、野墓に新葬があると死者を取り出して海中へ持ち帰る(同前)とまで取沙汰していたのである。

蛇が変じた正真正銘ではない蛸が交じっていて、食べた人の身体を害したり、自らも悪食であって大胆不敵な悪行をはたらくと異端扱いしたことを非科学的、後進的であるとか迷信深いとして一笑に付すことは自由である。しかし刀禰氏はこれを中国古代からの動物が別の動物に変化する、あるいは万物は陰陽二気の消長と五行の交合によって生成するとする伝統思想の影響とみている。刀禰氏の考えるとおりだとすれば、当時の日本人は西欧の近代合理主義とは別の物差し、すなわち道家のいう万物が千変万化するという思想を本草書を介して学び、その観点で自然に対していたことになる。

また生物学の見地からいえば、蛸の七足、九足は常態であって、異端でも妖怪でもないことは自明であり、差別的に考えること自体無意味なのである。蛸の行動に発現する自食 autophagy と自割 autotomy がそれである。水産学者によると、水槽で飼育する蛸のばあい、中枢神経の統制が錯乱状態に陥ると、餌を十分与えてあっても自分の足を先端から食べることが観察される。また自然の海でも、二月三月に寒くなると海底深く移動し、蛸壺などの底に入りじっと春の来るのを待ち、その間自分の足を先から食べると証言する蛸漁業のベテランがいるという(井上喜平治『蛸の国』、同『タコの増殖』、三浦定之助『おさかな談義』など)。

次に蛸のなかには、捕まるとわが身を守るために自分の足を切って逃げる術を心得えたテギレダコ Octopus mutilans がいる。噛みつかれた足の筋肉を収縮させて自分でたやすく切り放すのである。これが自割である(井上、前掲『タコの増殖』二一頁。博学こだわり倶楽部編『動物の超能力がズバリ!わかる本』)。また自割によらなくとも、天敵ウツボやウミガメ、トラフグなどに足の一部を食い千切られて足が定数どおりでなくなることもありうるのである。

その一方で蛸は外傷に対して驚くほど旺盛な再生力をもち、ひどい外傷に対しても一両日のうちに組織が再生し、外傷箇所をみつけられなくなるほどであるという(井上、前掲『タコの増殖』)。蛸の世界では:iPS細胞を使う医療の研究に巨費を投ずる必要が全くないのである。また足が何かの原因で切断されても、数日中に肉眼で再生が認められるようになり、数か月もすると切れた箇所から足が再生する。その際、一本足から二本、三本と枝が分かれる過剰再生が認められるのだという(井上、前掲『タコの増殖』、『蛸の国』)。以上のように、いわゆる七手や九手の蛸が漁獲されることは、足の一部が何らかの原因で切断されることや、自食、自割、再生などの結果として説明することができるのである。

また別に黒潮の海表面で浮遊生活をするムラサキダコが潮に乗って日本海側に漂着することが稀でなく、その姿が怪異なことから新聞種になるほどだというが、この蛸を網で掬《すく》うと腕と腕の間にある広い薄膜が空中で形を保つことができず、溶けるように壊れてしまう。その瞬間を知っている山陰地方の漁業者は、蛸が蛇になる瞬間だというのだそうである(奥谷喬司・神崎宣武編著『タコは、なぜ元気なのか』)。

蛸を飼うマニア

最後に日本人が蛸にどのようなスタンスをとっているのか、直近の事情を二、三探ってみよう。一つは日本でも蛸の足数に頓着しない玩具が出回っていることである。カラフルな動物シールで、子どもや学生がノートや手帳、アルバム、その他身近な所持品に貼ってかわいいアクセントにするものがある。筆者の手許に何点かあるが、頂戴した郵便物に七足蛸のシールが貼ってあったのをこれ幸いに、無理に御願いしてゼミOGの中村玲奈氏に探していただいたものである。その中の「クリスタル・海のさかな」というシートにある蛸が二つとも七腕なのである。数育玩具ではないのでデザインは御自由、それにアングル次第では七腕に写ることもありえないことではないので、目くじらを立てる積りは毛頭ない。なにしろ烏賊・蛸・蟹・船などを数える一杯、二杯などの単位はもはや死語に近いように思えるし、また発泡スチロール製のトレイに盛られた切り身以外に蛸を見たことがないので蛸が何本足なのか分からないというデパ地下、スーパーマーケット派がいる御時世であり、田河水泡(一八九九―一九八九)の『蛸の八ちゃん』の昭和も遠くなっているのである。

その一方で、首都圏でいえば東京湾走水《はしりみず》沖で「タコテンヤ」を使って正月用のマダコを漁《すなど》る実益派の釣師たちや、秋から初冬の富津《ふっつ》沖でラッキョウを疑似餌にしてイイダコ釣りに興ずる家族連れやカップルなどもいて、蛸はレジャーの御役に立っているのである。

蛸の助けを借りた町おこし、観光振興の異色は北海道北西部、水産加工業の盛んな留萌《るもい》の蛸箱漁である。二〇〇七年五月に留萌支庁水産課が水産資源PRの一環として、一口一年五千円で蛸箱漁のオーナーを五十口募集した(TBSテレビ「JNNイブニング・ニュース」五月七日十八時)。六月上旬から二か月間、四〇センチ四方の蛸箱を日本海の底に沈め、餌を使わず特産ミズダコを漁獲するものであり、期間中に五回引き揚げ、蛸が入っていれば浜茹でしてオーナーに宅配する。ただし入っていても二・五キログラム以下の蛸は資源保護のため海に戻し、オーナーの取り分にはならない。一回に蛸が箱に入る確率は五%から二〇%という。この企画が大ヒットとなり、募集が始まると二日間で全国から約四千件の応募が殺到し、留萌支庁水産課は急遽百口に増やして対処した(二〇〇七年五月九日付『読売新聞』夕刊)。以来小平《おびら》町と新星マリン漁協などによる実行委員会が担ってきたが、二〇一一年限りで中止となった。当たり外れは運次第とはいうものの、主催者が思ったほど蛸がオーナーに行き渡らないことや、人手不足が理由だと聞いている。

また明石夜泊の前書がある、芭蕉の発句「蛸壺や　はかなき夢を夏の月」で知られた蛸の名産地兵庫県明石市では、二〇〇六年から明石・タコ検定委員会と明石・中心市街地まちづくり推進会議が御当地検定「明石・タコ検定」をはじめ、蛸を町おこしと観光振興の一助としてきた。ただしこちらも中止になったと聞いている。

さらに自宅で苦労をいとわず蛸を飼って、愉快な上に利口で、その行動が摩訶不思議なまでの蛸との暮らしを楽しむ「自分だけの水族館長」もいるし、飼育者に捕獲から運搬、飼育方法までを助言する業者、書籍もあり、例えば水槽の上を蓋で覆うだけでなく、少しの隙間もないよう綿を詰め、目玉一個分の隙間があればくぐり抜ける脱走名手の蛸に対処する、などと教えてくれるのである(安倍肯治『ザ・海の無脊椎動物』、富田京一監修『海の生き物の飼い方』)。自然に向かい合うことが少なくなった日本であるが、蛸とスキンシップで交流するオタクもいるのである。

図1-1　芭蕉句碑「蛸壺や　はかなき夢を夏の月」(明石市人丸山).

蛸足を数える

井原西鶴の経済小説『世間胸算用』巻四の二(一六九二年)、「奈良の庭竈」に蛸売り八助の話が出てくる。この八助、二十四、五年も奈良へ通って蛸を商い、誰一人見知らぬ人のいない行商人であったが、実は蛸の足を一本切り取り、七本足にして売っていたのである。松原(現・大阪府松原市)に切り取ったその足を買う決まりの煮売屋があったというから、なんとも世知にたけた連中である。

ところがある年の暮、歳末の忙しさにつけ込み、手貝町のある家で足二本を切り取り六本足にして二杯売って出ようとしたところ、その家の親仁がじろりと見て、碁を打つ手を止めて出てきて、蛸を吟味したあげく「どこの海よりあがる蛸ぞ。足六本ずつは、神代このかた、何の書にも見えず」と足の足りないのを詰《なじ》り立てた。八助は大晦日に碁を打つようなところでは蛸を売らぬと言い放って去ったものの、誰言うとなくこの話が世間に知れわたり、「足切り八助」と言いふらされ、奈良の町で商いができなくなったという(『新潮日本古典集成　世間胸算用』第八一回、初版三刷によった。この一文は井上、前掲『蛸の国』に紹介されているので、蛸研究者によく知られている)。それにしても件の親仁殿が嘆いたように、「日本国が八本に極まりたる」蛸の足が足らぬことに気付かず、「ふびんや、今まで奈良中のものが一盃食うた」のはなぜなのか気にかかる。田中優子氏の読み解きも「それにしても、買った方はこうも気がつかないものか」としている(田中優子『世渡り　万の智慧袋』)。

海のない奈良にとって蛸は馴染が薄いからという指摘は当たらない。蛸の八腕にちなんだ動物昔話「蛸の足の八本目」が日本中で語り継がれているからである(蛸の足の八本目とその類話について、稲田浩二・小澤俊夫責任編集『日本昔話通観』には以下の記録がみられる。山形県例、第6巻（一九八六年）。神奈川県例、第9巻（一九八八年）。愛知県例、第13巻（一九八〇年）。広島県例、第20巻（一九七九年）。愛媛県例、第22巻（一九七九年）。福岡県例、第23巻（一九八〇年）。長崎県例、第24巻（一九八〇年））。大蛸が昼寝しているのをみつけた婆様が蛸は足が余計あるのだから一本くらいよかろうと切り取って持ち帰り、町でいい商いをした。あくる日、大蛸が黙って足を切らせたのだからもう一本よかろうとまた一本切って帰った。こうして七日間毎日足一本を切り、八日目にまた同じ岩に行ったところ、大蛸は最後の一本で婆様を巻きつけ海中に引き込んだという。別に昼寝の大蛸ではなく、うまいことを言って大蛸に頼みこみ、毎日足を一本ずつせしめたのだが、八日目あと一本というところで蛸の穴へ引き込まれたとする類話もある。

このほか、主人公を婆様ではなく娘子としたり、八本目ではなく四本目とする類話もあるし、題名も一様ではないのであるが、「蛸の足の八本目」型の動物昔話が日本中で採集されているのである。さらに蛸の足を切ったのが猿とか猫とする類話もある（岩手県二戸《にのへ》市例が『日本昔話通観』第3巻、宮城県例が第4巻、兵庫県例が第16巻にみられる。また猫が鱶《ふか》に変わった類話が第20巻（一九七九年）に、猿に変わった類話が第4巻（一九八二年）、第14巻（一九七七年）、第15巻（一九七七年）、第18巻（一九七八年）にみられる）。特に猫のばあいは、この動物昔話を下敷きにして、蛸と猫の知恵競べに仕立てた「その手は喰わぬ」という笑い話もあって、寛政四（一七九二）年の落語作家、櫻川慈悲成『笑の初』に収められている。どれも皆、蛸の八腕を前提にしている。

また俳諧にも蛸の八腕を八手《やつで》の葉になぞらえた句があるという。俳諧に詠まれた蛸を取り上げた永

図 1–2　蛸の飴売.

田英理氏の論文に、蔭山休安編『俳諧 夢見草』(一六五六年)中の二句が引かれている(鈴木健一編『日本古典の自然観4 鳥獣虫魚の文学史 魚の巻』)。一つは蛸料理の「桜煎り」を八手に見立てた句「紅葉する八手や蛸の桜煎　姫治利重」であり、別の句は吸盤の並ぶ蛸の八腕を露を置いた八手になぞらえた「つぼの内の八手の露や蛸のいぼ　作者不知」である。

さらにいうと、江戸時代大道で物を売る行商人は客寄せのために口上に工夫をめぐらし、より目立つ扮装はもとより、奇抜な趣向をあれこれ凝らして人目を引く効果を高めた。石川松太郎他編『ヴィジュアル百科 江戸事情』(第一巻 生活編)で知ったのであるが、明治時代の玩具研究家、清水晴風(一八五一—一九一三)が大道の物売りや物貰いの姿を諸書より筆写して一冊にした『晴風翁物売物貰尽』中に「蛸の飴売」が出てくる(図1-2)。扇子を持ち向こう鉢巻きをした蛸の仕掛け細工を台上に置き、「一本の糸を引と、自然に蛸が三弦を引、鉦を鳴らし、太鼓を叩き、天窓を伸すという仕掛にて、面白き飴売也」(清水晴風『街の姿』)というように、八腕を動かして音を出し客を集めたのである。「天窓を伸す」についてはよく分からない。蛸が八腕を使って複数の楽器を同時演奏する類の細工物は「蛸の八人芸」と呼ばれたようであり、歌川国芳門下の浮世絵師、歌川芳幾(一八三三—一九〇四)の木版錦絵「龍宮の日待」(一八五九年)中に、「蛸の八人げい」とする似たような絵が見られる(悳俊彦編『妖怪曼陀羅』図一〇六)。この頃、受けていたからくりであったのであろうか。河鍋暁斎《かわなべぎょうさい》(一八三一—一八九)も龍宮で三味線、鼓、笛などを操って独演する蛸を描いており、明治の御雇い外国人、C・ネット(Curt Netto)、G・ワグナー(Gottfried Wagner)、高山洋吉訳『日本のユーモア』の口絵になっている。

また『妖怪曼陀羅』図一二〇―一二二にあげられている、歌川広重(一七九七―一八五八)の門人とされる歌川広景筆、大判三枚続「青物魚軍勢大合戦之図」(一八五九年)を見ると、青物の軍勢に立ち向かう魚軍中に得物を手にした大小の蛸が見られるが、一際大きく描かれている蛸を「鮹入道八足」と命名している。

また商人の符牒《ふちょう》で「タコ」といえば「八つ」のことであるように、「蛸の八足」が江戸の昔から日本人の民族的常識になっていたことは間違いないから、山国とはいえ奈良の人が蛸が八腕であることを知らなかったとは考えにくいのである。

八助は堺の魚商人であった。堺は中世以降、漁業で発達した地であり、名産桜鯛をはじめとして諸魚を京阪に供給した。南郷と北郷に魚市場各一があり、北郷の市場は主に夏季夜市を開き、蛸の売買が盛んであったので「蛸市」とも呼ばれた(堺市編『堺市史』第三巻、本編第三)。後世「たこ市」といったのは住吉大社の夏越大祓《なごしおおはらい》南祭(現・夏越祓神事)に際し神輿の堺宿院渡御があり、これを迎え七月三十一日夜から八月一日払暁にかけて徹夜で海産物を商った大魚夜市《おおうおよいち》のことである。南風が吹いて大阪湾の蛸が美味しくなる季節でもあり、蛸の売買が盛んであった。堺ではこれを「まつりだこ」とか「おはらいだこ」といって食膳に供し、夏中の息災を祈った(真弓常忠『住吉信仰』)。堺と奈良は大和街道を通じて交通がたやすく、山国の奈良は堺の魚貝商人にとって絶好の市場であった(所功他『住吉大社史』下巻)。

図1-3　「兵庫津の生簀」．図の左上に，常時魚を生けておき，時化で不漁の時に備えたとある．右端に蛸を指差す人物が見える．

図1-4　五右衛門と悪性者惣吉が明け方，大坂の南，阿倍野において堺の「魚荷(うおに)」2人を追剝ぎする絵図．軽い方形の竹籠に鮮魚を入れ天秤棒で担い，深夜，早足で堺を立ち大坂へ向かったものとみられる．竹籠の一つに蛸も見られる．ただし，どのような工夫によって海産物の腐敗進行を遅らせたのかまでは読み取ることができない．八助も軽い竹籠を使って蛸を運んだことであろう．

ところで十八世紀末の『摂津名所図会』巻八に海水に諸魚を放った生簀《いけす》の絵が残っているように（図1–3）、近世の大坂を中心にして魚貝を安定的に供給する目的で生簀が発達していたことは疑いない。しかし生きた蛸を遠方まで陸路運送する生簀の考案が八助の世にあったとは思えない。一方、海洋生物の蛸は空気中で二十分から三十分もするとぐったりと弱ってしまうが、海水から揚げてもすぐには死なない。体内に蓄えている海水から酸素を取ることができるからである（蛸の水を吸い、吐き出す仕組みについては、奥谷・神崎、前掲書）。魚類学徒が「タコ学の師」と仰ぐ奥谷喬司氏がテレビに出演された折に、陸上で蛸が生きていることができるのは一時間ほどと話されていた。八助の時代、堺から奈良まで一足で到達するのに一時間では無理であるから、八助の蛸が活蛸であったとは考えにくい。

海中で生きている蛸の足を数えるのは難しい。歌舞伎役者の歩く演技の一つで「蛸足」というのは、左右の足を交互にピョンと跳《おど》るように上げ下ろしし、同時に上体を回すように動かすことであるが（早稲田大学演劇博物館編『演劇百科大事典』三巻）、本物の蛸足はこれと比べようもないくらい腕足の動きがはげしく、複雑かつ柔軟であることは感嘆を超えて不気味なほどである。これは蛸の身体の殆ど

図1–5 『世間胸算用』巻1の3「伊勢海老は春の栬(もみじ)」に付された大坂備後町の魚問屋.

絵図に，路傍で右手に手鉤を持ち蛸2杯を筵もしくは浅い盤状の器にのせて売る魚商人の姿が見られる．茹で蛸，乾蛸の類ではなく，活蛸のように思われる．水盤にのせ短時間で売買したのであろうか．文の内容は伊勢海老は年によって値段が高く，大商人の家で正月に飾りつける「蓬萊」用の伊勢海老を求めて大騒ぎするさまを書いたものであって，八助の蛸には直接参考にならない．

が筋肉である上、神経が命令中枢の脳から足の先までいき渡っていて、蛸に機敏で統一性のある運動性能をそなえさせているからだとされる。しかし死んで運動性能を失った蛸なら話は別であり、足数を確かめるのにそれほど手間がかかるわけではない。

そう考えていくと、八助の一件は伝聞した実話をありのままに筆にしたわけではなく、不正直はいつか露見するという筋書きにあわせて西鶴が考えついたフィクションであったようにも思えるが、これはあくまでも素人の憶測でしかない。

所変われば

蛸は、日本では昔から八足が決まりだという積りが思わず横道にそれてしまった。話題を蛸の足そのものに戻すことにする。蛸が海底を這い回る姿を見ると、確かに足として不都合はないが、餌をつかまえたり、物を運んだり、岩場にはり付くときなどは人間の感覚でいう腕であるから、腕足とか足(腕)という方が本当は無難なのかもしれない。

困惑するのは、分類学でタコ・イカを軟体動物門頭足綱とするように、人体と違って、腕足が頭のすぐ前に直接付くことである。頭のすぐ後ろに付くのはつるんとした外套膜に包まれた内臓の塊、すなわち胴体である。つまり蛸の身体は胴体・頭・足の順で組み立てられているのだが、直立歩行する人間にとってみると足と反対の天辺にある胴体が頭に思えるから、ここに鉢巻きをさせたり、蛸を蛸坊主とか蛸入道と呼んだりすることになる。ついでにいうと、漫画でひょっとこ状に突き出る蛸の口が日本人の創作であることは次節「ひょっとこ口は江戸の昔から」で述べることにして、ここでは餌を食べる本当の口は腕足の集まる根元の真ん中にあって外から見えないとだけ書いておく。

水産学者によると八腕は四対八本という方が正しく、背中側（泳ぐ姿勢で上側）から腹側へ左右それぞれ第一、二、三、四腕と命名されている。このうち普通オス蛸の第三腕の一本が精子のカプセル「精莢」をメスの体内に運ぶ役目を担う交接腕である。また十本足のイカと二本の差があるのは、イカが触腕をもつからであるという（土屋光太郎『イカ・タコ　ガイドブック』）。「タコイカ」という生後は十本足であるが、成長に伴って触腕が失われて八本になる紛らわしいイカもいる（同前）。しかし一般人にとってはイカ十本、タコ八本の区別で十分である。

蛸を識別する特徴として八腕を意識するのは沖縄も同じであり、妖怪キジムンが蛸（沖縄風にいえばタクウ）を苦手とするとされるところから、キジムン除けに「手八ちゃー」と唱えたという古俗にそれが表れている。

図1–6　中村惕斎編『訓蒙図彙（きんもうずい）』巻14，12丁表より．蛸はこのような形，つまり頭を持ち上げ胴をたらし八足で這うように移動するほか，ジェット噴射で移動する．

またアイヌは蛸をアッコロカムイ（紐《ひも》を持つ神）と呼ぶのだという。アイヌの人間社会をつくった神はコタン・コロ・カムイである。コタン・コロ・カムイと妻神トレシが天国に去る際、人間界の物を身につけて天国に入るわけにはいかないのですべて海へ投げ捨てた。妻神が海へ捨てた八本の紐で編んだ貞操帯が蛸になったとされる（知里真志保「呪師とカワウソ」『北方文化研究報告』第七輯）。この伝承によって蛸がなぜ、八足であるのかを説明するのである。もう一例あげると、オーストラリア北西部、ダンピアランドに住むアボリジニが腰から下げるシロチョウガイ製の儀礼用ペンダントを松本博之氏が紹介している(「真珠貝のペンダント」『月刊みんぱく』)。ペンダントの内側に線刻された具象文中に躍動的な蛸の姿も見られるが、足は過不足なく八本である。以上恣意的な例示であるが、蛸が八足であるとはっきり意識して蛸を識別するのは日本だけではないのである。

ところが蛸八足の認識は、必ずしも世界中で共有されているわけではないらしい。そう考える契機となったのは敬愛大学の同僚、増井由紀美教授がイタリアで探してくださったもので、綿ぐるみにされて小箱に収まっていたガラス細工の小蛸である。包装から察するとヴェネツィアのサン・マルコ寺院近くの店で見つけたようである。乳白色で高さ一センチにも満たない小品ながら細工ぶりも精巧であるし、目が足の付け根近くに付いていて実物の蛸に近い点も気に入ったのであるが、足がなんと五本しか付いていないのである。小品とはいえ、八本に細工するのが困難なほど小さいとも思えない。これだけではない。タイで生産され、日本へ輸出されてきて、東京は御徒町のアクセサリー店に並べられていたクリスタル・ガラスの蛸を家内が見つけてきた。こちらは足に吸盤までちゃんと付いている、と思いきやどう数えても足が七本しかないのである。こちらの方は高さ三センチ近くあって、足を八本付ける余地が十分あるのである。イタリアは蛸好きでよく知られている土地柄であるし、インドシナ半島中央部にあるタイも南にシャム(タイランド)湾が広がっていて海をもつ国なのである。それにもかかわらず蛸細工の足数が定数どおりに作られていないのである。筆者の手許には姫路で作られた色ガラスの小蛸二点があるが、どちらも八足で実物どおりである。ガラス細工に限らず、足の足りない蛸玩具など日本では考えられないのである。

断っておくが、わずか一個のガラス細工によって一国家、一民族がもつタコの生物的認識を測る積りはさらさらないし、異国の蛸細工がすべて足の本数に無頓着であると思ったりしたことはない。現にこれも増井教授が探してくださったものだが、ハリー・N・エイブラムス社の玩具風の立体絵本「ポータブル・ペット」の中の『オクトパス』には、「蛸は驚くと濃い墨を噴出して海水を濁らせる」とか「八腕を使って体を這いずらせる」、「蛸は八腕である」などの文が見られ、蛸の絵も正確に八腕に描かれている。この玩具絵本、北米で売っている英語版であるが、印刷はイタリア、デザイナーと画家もラテン系ぽい名前である。日本のミニ絵本の類で、何でも足で数える蛸が足の数より大きな数の計算ができるように勉強していく内容のKUMON『タコくんの足は8本』に較べると、『オクトパス』の話は簡約なのであるが、なにしろ蛸を悪魔の魚と敬遠してきた北米のことである。ミニとはいえ蛸の科学的知識を伝える絵本が出現しているのは変化の表れかもと思い、紹介しておく。異国のガラス職人が蛸の足数に対し日本人ほどにはこだわりを見せない大らかさをもつのも、あるいは時間の問題であるのかもしれない。

2◉ひょっとこ口は江戸の昔から

鼻なのか、口なのか

蛸には心臓が三つある。本来の心臓とは別に左右の鰓《えら》の根元に一個ずつ「鰓心臓」があるからである。小さい鰓へ血液を能率よく出し入れさせるための補助的ポンプであり、本来の心臓ではないが、それで蛸が大量の酸素を得て激しく動き回ることができる。そこで「二種類の心臓」(大場秀章他『東大講座　すしネタの自然史』)とか、「三つの心臓」(奥谷・神崎、前掲書)などというのであるという。

これと並んで存外知られていないのが蛸の口である。口が八足の集まる根元にあって、八足がくるりと巻き上がっていなければ見えないからであろう。ところが、ふだんどこに付いているのか分からないはずの蛸の口が里神楽の「ひょっとこ口」となって、それがあたりまえのように罷り通り、民族の集団イメージにまで統合されているのが日本なのである。世界でも類をみないひょっとこ口の蛸がいつ頃、誰の手によって、想像という繭から紡ぎ出されたのか、この問題を絵画資料によってどこまで追求できるか試してみよう。

荒ぶる異界の大蛸

蛸のひょっとこ口は新しいものであり、古代から中世の蛸にはひょっとこ口がついていなかった、と考えても間違いではない。海に囲まれた日本列島に住む人びとは、海神《わたつみのかみ》が支配する海洋的異界があると認識してきたが、諸所の海深く強猛な大蛸が潜んでいたことも伝えている。この大蛸は人の力はもとより王権の威光をもってしてもままならない存在であり、海境《うなさか》を侵してくる人間があれば問答無用で、生きて帰さない恐ろしい存在であった。人間界と交誼《よしみ》を結ぶ意思のない大蛸に口は要らないからである。

『日本書紀』巻第十三、允恭《いんぎょう》天皇十四年の条に、淡路島で狩をした天皇が豊猟を願うため、島の神に明石浦の底から真珠を得て奉げようと、阿波国那賀郡から男狭磯《おさし》という練達の海士を召し出した話が出てくる。男狭磯は深海から大鮑をかつぎ上げて息絶えたが、大鮑の中から桃の実大の真珠が出てきたという。神戸新聞明石総局編『明石　さかなの海峡』によると、男狭磯を葬ったという海人《あま》塚が戦前まで明石市大観町の無量光寺にあったという。選りすぐりの海士や海女であろうと命と引き替えなければ海洋的異郷に到達することは不可能であった上、恐ろしい大蛸がいたのである。

海洋的異郷を支配する海神が龍王、常世の海宮・蓬莱の山が龍宮と呼ばれるようになるのは室町時代の御伽草子『浦島太郎』以降のことだという（『新編　日本古典文学全集五　風土記』）。きちんとした日本文学の訓練を受けていない筆者にとって、龍とは何か、龍王の支配する海の異界とは何かについて、小峯和明氏が、龍は異類や禽獣など仏教によって救済されるべき畜生の権化であり、救いの対象となることで同時に仏教を庇護し、仏の守護神へ反転、再生する(「龍宮への招待」)と、龍の本義を仏教とのかかわりで考える説を述べている。御説を聞くことで、迷路に滑り落ちずに記述を進めることができる。

龍宮の時代に入ると、海底深く霊宝を守護するという古代的な大蛸像は日本人の心象から薄れて、宝蔵でもある龍宮を警護する役割を新たに龍が担うことになる。讃岐の古刹志度寺《しど》(香川県さぬき市)の縁起になっている玉取り伝承のなかにそれをうかがうことができる。奈良時代、唐使が宝珠を奈良へ届ける途中、志度の龍に奪われてしまった。藤原鎌足の第二子、藤原不比等《ふひと》は宝珠を取り戻すため志度へ渡り、同地の海女と契りを結ぶ。海女は龍と争い宝珠を取り戻したが、力尽きて絶命する。不比等と海女の子、房前は寺を建立して海女の菩提を弔ったという伝承である。謡曲「海人」、幸若舞《こうわかまい》曲「大職冠《たいしょっかん》」の原話であるが、いうまでもなく史実ではない。

ウースター美術館蔵、無款、大々判墨摺筆彩色 二枚続「玉取り物語」(座右宝刊行会『浮世絵大系1師宣』図二〇・二一)は志度海女玉取りの絵画化である。水晶の塔から宝珠を奪い返した鉢巻き姿の海女が右手に刀を握り、左手に宝珠を持ち、命綱に引かれて龍の追撃を振り切り必死に浮上する姿が描かれている。杉村治兵衛筆に擬す説が有力のようである。治兵衛は元禄末年まで存命したとされる。

本図を見ると、人面魚身の一体を除き、龍王・龍后・従者などみな人面人身であり、ちょうど児童劇で役柄を示す動物画を頭につけるように、各自魚・貝・蛸などの図形を頭に戴いておのれが何者であるかを明示している。また海女を追う主役は龍であり、蛸は龍王の近くに侍る近侍の一人にすぎず、重い役目を担っているようには見えない。本稿にとってかかわりがあるのは頭に戴いた蛸に口が付いていない点である。

『秘蔵 浮世絵大観9 ベルギー王立美術館』の解説によると、志度海女の玉取り伝承は、杉村治兵衛以後、江戸中期の奥村政信・田中益信・西村重長など初期浮世師の画題にもなり、さらに江戸後期に下ると歌川派の創始者歌川豊春にも及んでいる。すなわち政信「浮絵海士龍宮玉取之図」などである。謡曲、幸若舞曲によってこの説話が流布したことと関係するのであろうか。

治兵衛の描いた蛸は龍王の近侍であったが、政信以下になると蛸は龍宮の警護役に変わり、鎌・斧・槌・鋸・熊手・刺股・薙刀(政信)、軍扇・大刀・矢をつがえた弓・先端が三叉の鑓状武具(益信)、軍扇・二刀・弓矢(豊春)で武装する。「蛸の八人芸」ならぬ八人武芸である。しかし八腕で同時に多種の武技を演ずる武人にすぎず、高貴な武将に描かれているわけではない。武骨な武人に口は無用とみえ、口は付かない。ちなみに命綱をつけた海女を襲う主役は治兵衛以来、御決まりの龍である。

草双紙で蛸に口がつく？

一方、絵双紙の分野では、政信の「玉取之図」に近い年代、もしくはわずかに先行する時期の赤本に「口らしい突起の付いた」蛸の絵が出現する。木村八重子氏が享保十九(一七三四)年以降、そう遅くない時期の絵双紙として紹介している『猿のいきぎも』(財団法人東洋文庫蔵)残欠がそれである(『草双紙の世界』)。龍王の姫が病気になり、治療には猿の生肝《いきぎも》がよいということで欺いて猿を龍宮に連れてくる動物昔話である。この動物昔話で蛸はふつう猿に企てを洩らす役割であるが、『猿のいきぎも』では龍宮の侍医となっている。すなわち龍王の側近くに侍る蛸であって、使い役の亀が龍王の后に報告する場に立ち会う蛸である。

この絵では龍王・龍后・侍女は擬人化されているが、他の動物は獣面人身の半擬人化で描かれている。蛸はどうかというと、どの場面においても、外套膜の下端を縁取りしていないため、本来胴・頭・足であるべき蛸のボティ・プランが胴に足が直接ついて胴が見かけの頭となり、そこに口がつくカリカチュールな蛸になっている。口はひょっとこ口ほど特徴的ではないが、口の萌《きざ》しと認めることができないわけではない。通俗的な絵双紙の出現によって蛸も広く大衆と語る必要が生じ、おそくとも江戸中期享保年間までに口の付いた蛸の心象が具象化され出したことは間違いないのである。

これで、赤本『猿のいきぎも』に龍宮の医師として擬人化された蛸の図絵があり、ひょっとこ口(図1-7)というほどではないが、口の萌《きざ》しらしい突起がある、というところまでたどりついた。その後すぐに『猿のいきぎも』より十数年先行する戯画に真っ当なひょっとこ口が見つかった。鈴木堅弘「海女にからみつく蛸の系譜と寓意」(『日本研究』三八集)に紹介されている戯画「大だこ」である。竹原春潮斎画、版本『鳥羽絵欠び留《とばえあくとめ》』初版、享保五(一七二〇)年中の戯画であり、俎板《まないた》の上の蛸が出刃包丁を手にした料理人を逆に襲い、腕をからみつけているのである。鳥羽絵とは江戸時代中期、大坂で流行した諷刺性を旨とする絵画で、日常生活に取材した滑稽《こっけい》な題材を即興的に筆にしたものであり、戯画の源流とされる。春潮斎は『大和名所図会』『和泉名所図会』などで知られた名所図の名手とされる上方の人気絵師である。略筆で軽妙な筆致で描かれたこの蛸には輪郭が明瞭なひょっとこ口が付いているのである。

この絵の出現によって、蛸のひょっとこ口事始めは一夜にしてその座を『鳥羽絵欠び留』に譲ってしまったわけであるから、本来からいえば権威失墜も甚だしいところである。しかし幸い私はこの分野でのずぶの素人であって権威筋ではないから、江戸初期の版本を丹念にさらっていけばさらに先行するひょっとこ口の蛸に出合うかもしれないと涼しい顔をしていることができないわけではない。

そもそもわずかな点数の絵画資料によって在りし世の暮らしや人の心の働きをはかること自体危く、本来からいえば有るまじきことなのである。なるほど絵に残された暮らしぶりは分かりやすい。また一枚の蛸の絵画が、絵師が蛸に重ね合わせていた想像の世界を伝えてくれるのも事実である。しかし絵師がおのれの目で見た暮らしの写生であるという保証はないし、あるいはその絵師限りの蛸像であって時代共有のイメージではないかもしれないのである。しかもたまたまそれが僥倖に恵まれ後世に残ったのであるが、残らなかったものが数多くあることも思わなくてはならない。したがって文字資料その他によって十分な検証を待つべき素材の一つにすぎないのである。

ただ、ことわりはそうと分かっていても日本絵画史、文学史の門外漢である身には蛸を描いた絵画一点に出合うのにも手間隙がかかり難渋する。常日頃から頭の隅に蛸のことを置き、僥倖に恵まれた発見を見逃さぬよう心がけなければならないからである。インターネットによる検索という妙手は十数年前には今日のよう

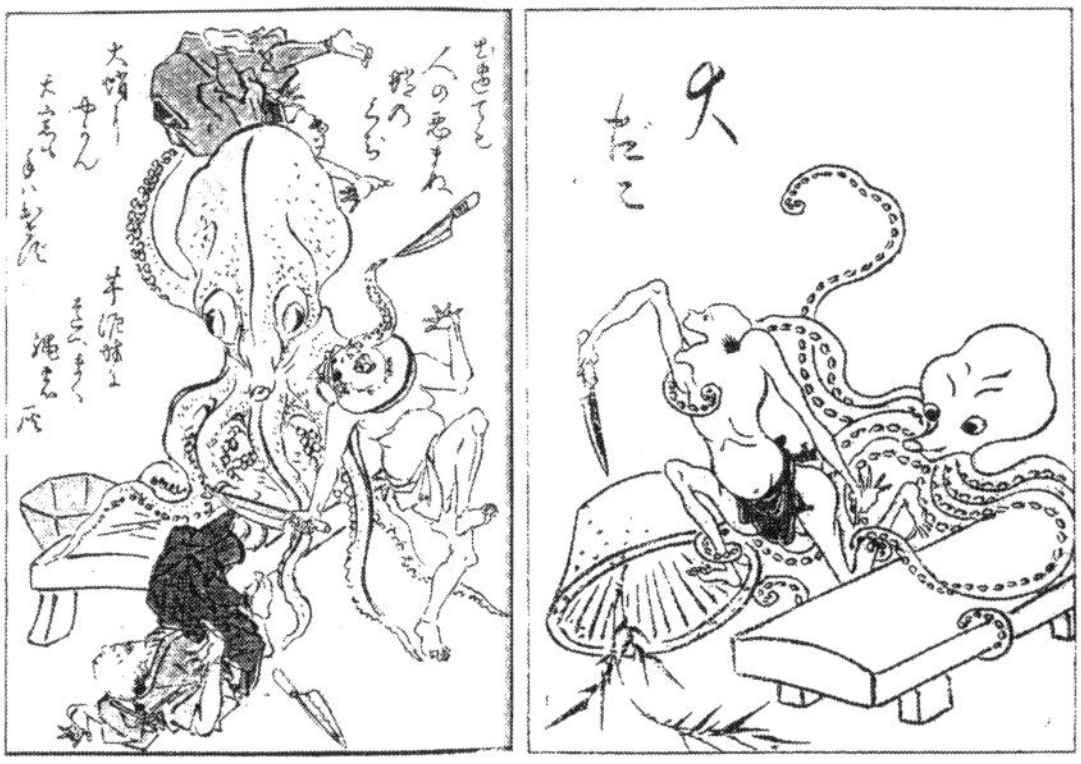

図 1–7　『鳥羽絵欠び留』の大だこ(右)と人の悪まね蛸(左).

ではなかった。しかし何事であれ、初心者であるおのれの自覚を忘れることなく地道な努力を積み重ねていると自ずから道がみえてくるだけでなく、見兼ねてからかそれ相応の助言をしてくださる方も現れ、大抵のことはなんとかなっていく、というのが私の信条なのである。打ち明けてしまうと、件の鳥羽絵を収めた論文の存在も、さる方から教えていただいたものである。

ちなみに大蛸が料理人を逆襲する画題は、幕末・明治前期の江戸っ子人気天才画家、河鍋暁斎《かわなべぎょうさい》に引き継がれている。安政七年＝万延元（一八六〇）年の絵本『狂斎画譜』（一九八五年）中の一図であり、こちらでは俎板にのせられた大蛸があべこべに料理人三人を料理しようとばかり大暴れする場面が活写されている。明治の御雇い外国人でドイツ人技術者のネットとワグナーも人の悪まねをする蛸の戯画に興味をもったとみえ、前掲『日本のユーモア』で取り上げている。

フランスの社会学者・哲学者のロジェ・カイヨワは、蛸を人間的な顔にする必要から日本人は蛸の漏斗《ろうと》を口にする発明をしていると書いている（『蛸』）。蛸が一介の生物でありながら思想や哲学上で重要な問題を与えてくれると教えてくれたカイヨワであるが、これればかりは勘違いであって正しくない。蛸の漏斗からヒントを得て、と書けばよかったのである。

蛸は漏斗から水を噴射してジェット推進するほか墨も吐く。また卵や白い糸状の糞など諸物が出る一方の総排出口であり、逆流しないような仕組みも備わっている（奥谷・神崎、前掲書）。漏斗は腕でとらえた餌を摂取する口ではないのである。その上、位置も目と反対側、外套膜前端の切れ目にあるのである（動物の目や口はどれも体の前部にあるから、目や口のある頭が体の前端になる。また胴部は内臓の入った腹であるからその天辺が蛸の体の後端となる）。

現代作家の日本画を見ると、例えば大野麥風の木版重ね摺り「タコ」(姫路市立美術館蔵)は漏斗の見える位置から写生しており、目の下はのっぺらぼうで凹凸がない(東京ステーション・ギャラリー企画・編集『大野麥風展「大日本魚類画集」と博物画にみる魚たち』)。また二〇一二年五月の第五回東山魁夷記念日経日本画大賞入選作、森山知己画、六曲一隻屛風「海中図」が『日本経済新聞』(二〇一一年五月十九日付)に紹介されているが、そこに描かれている蛸も漏斗は両目の裏から突出している。どちらの絵画もしかるべき位置に漏斗を描いているのである。

もう一つ付け加えておくと、一見鼻が付いているように見える蛸の絵に出合うが、よく見るとこれは外套膜の前端が垂れ下がったものであり、その証拠に鼻中隔によって隔てられた二つの外鼻孔が見られない。一本の長い腕の先に子蛸をまとわりつかせている伊藤若冲(一七一六―一八〇〇)筆、絹本着色「群魚図」(皇居三の丸尚蔵館蔵)の蛸もそうである。モデルは肌がゆるいミズダコ系とみられている(奥谷・神崎、前掲書、口絵四頁)。ちなみに若冲には別に掛幅「蛸図」一幅がある。

私の知るかぎり鼻とはっきり分かる蛸は、歌川国芳の団扇絵「蛸と熊の角力」くらいである。蜻蛉《とんぼ》が行司を務める土俵の上で、珍無類、ちょん髷姿の大蛸が八腕に渾身の力を漲らせ鼻息荒く熊と取り組んでいる。平凡社『浮世絵八華』七の図四八に示されている。二つの外鼻孔がはっきりしている。

国芳の関取り蛸と後述する暁斎筆「どふけ百萬編」の蛸以外でいうと、昭和初期のマンガで田河水泡『蛸の八ちゃん』に至るまで、鼻の付いた蛸は見ることができないか、もしもあったとしても稀有であろうと推測している。蛸の八ちゃんは人間社会に入り込もうと自ら進んで蛸壺に入り、海の底から這い出してきた蛸である。講談社漫画文庫に入っているので、八ちゃんが失敗にくじけず憧れの文明世界に入ろうと夢を追い続ける物語を追うことができる。

物語が進行する過程で、八ちゃんが人間の方がいいから人間に書き直してくれと生みの親である水泡に頼み込む一幕がある。水泡は生き物は生まれる時から人は人、蛸は蛸と決められているのだから蛸は蛸で満足しろと諭した上、御古の洋服と靴を与える。八ちゃんは自分で船長帽と鼻眼鏡を買い足して、一人前の紳士に見えるだろうと満足するのである。

鼻眼鏡は耳にかけるつるがなく、鼻筋を挟んで支える眼鏡であるが、八ちゃんには鼻筋らしい鼻筋がない。八ちゃんとその仲間は海底に住んでいて田河水泡と出会う以前からひょっとこ口だけであり、鼻はついていないのである。人間社会に紛れ込んでからもその口で米飯を食べ蕎麦をすするばかりか、呟いたり、人と話をしたり、蛸八音頭を歌い、あるいはまた犬に咬みつかれて膏薬《こうやく》代を飼主に請求するのである。どこから見てもこれは口でしかありえないのであって鼻ではないのである。それにもかかわらず蛸の八ちゃんは「口」の付け根に鼻眼鏡をかけるのである。

しかし、この格好を珍妙とか不合理でおかしいと思うのは人間の勝手というものである。人間の判断基準によって両目の間から突出するのが鼻であり、鼻の外鼻孔の底が口腔の天井部分に続くと考えるので鼻眼鏡をかける八ちゃんの口を理にあわないと思うのである。戯画で表現される蛸の顔面から突出するのは、顔面における位置取りからいえば鼻であるし、先端の形状からいえば口なのである。つまり鼻でありかつまた口でもあるのである。能面や神楽面の「汐吹」すなわちひょっとこ(火男)は、顔面から突出した「ひょっとこ口」と別に低いがちゃんと鼻がついており、外鼻孔は鼻中隔によって二つに分かれている。例えば『北斎漫画』二編九丁の「しをふき」に見るとおりである。蛸のひょっとこ面は厳密にいえば鼻のあるひょっとこ(火男)と違うのである。それにもかかわらず蛸のひょっとこ口というのは形状の顕著な類似によるのであって、あくまで便宜的なものである。

ひょっとこ口後日談

◉北斎が描いた蛸

葛飾北斎(一七六〇―一八四九)の名が出たので暁斎については後に改めて紙数をさくとして、北斎の蛸について記すことにする。

北斎は蛸を何点も描いているので、北斎の蛸が形を定めるまでの過程を追える点で興味深い。北斎が描いた蛸のうち最も早いのは文字絵の教本で、文化七(一八一〇)年刊の『己痴群夢多字画尽《おのがばかむらむだじえつくし》』後編である。この絵の蛸は大目をむき出して正面をにらみすえ、今にも襲いかからんばかりの威圧的な姿勢で描かれている。向きのせいか、それとも文字絵という制約によるのか、確かな形状はつかめないが、舌状の突起を口と判断してもよいであろう。ところが文化十一年の『北斎漫画』初編になると、見かけの頭に大目をつけ、細長い口をもつ蛸になっている。口であることは一目瞭然である。これにそっくりとはいいにくいが、近似した蛸絵馬が、伊勢湾に臨み、算額(和算の研究や学習祈願のため奉納する絵馬)奉納で知られる光明寺境内薬師堂の絵馬中に見られる。全体の印象から『北斎漫画』初編を手本にしたとしてもおかしくないと思っている。しかしこの形は、北斎が到達した最終的な蛸ではない。

画題を真行草三種の描法で示す『三體画譜《さんていがふ》』の蛸が画期的であるのは、蛸のボディ・プランである胴体・頭部・腕足の組立てに忠実な描写であって、胴体と頭部をはっきり区別しており、きわめて写生的なことに気付くのである。その上で頭部にしかるべき大きさ以上の両目と、ラッパ状ほどは長くないひょっとこ口を描くのである。この型の蛸は、頭部が若干大きめになるが、「いろは」によって絵柄を引き出す文化十四(一八一七)年の『画本早引』前編に受け継がれている。絵は腰蓑をつけた漁者三人に櫓で追われ、海に逃げ帰る大蛸である。頭部に巨眼、ひょっとこ口がつくところは『三體画譜』同然であり、この辺りで北斎の蛸が形を定めたと思われるのである。この後の作品を見ても、文化十五(一八一八)年『北斎漫画』十五編の腰蓑をまとった漁民に襲いかかる「蛸魚」や、『北斎漫画』十二編(一八三四年)の大蛸が芋に化けて芋掘りに来た農民二人を驚かす「膽ヶ芋に成る」の蛸に踏襲されているので、『三體画譜』以後の胴体と区別した頭部に巨眼とひょっとこ口をつける北斎蛸の完成とみたいのである。なお明治十一(一八七八)年の『北斎漫画』十五編の「蛸魚」であるが、これは刊行にあたり丁数が不足したため文化十五年の『北斎画鏡』の大蛸を取って補った(永田生慈監修・解説『北斎漫画』三、岩崎美術社、一九八七年)という、いわく付きのものである。

最後に北斎蛸に例外が一つあることにふれておく。『北斎漫画』九編(一八一九年)に見られる「藤太秀郷龍宮城に至宝を得て帰る」である。平将門の乱を平らげた下野の豪族、田原藤太(藤原秀郷)が琵琶湖の龍神に依頼されて三上山の大百足《おおむかで》を射殺し、礼に三種の土産を貰って龍宮を後にする伝説を描いたものであり、藤太を龍宮城の家来が恭しくも賑やかに見送る盛大な行列図である。家来の魚などはみな擬人化されて人面人身であるが、おのれが何者であるかを示す図形を頭上に置いている。行列の先頭に立つ楽隊中に蛸の図形を頭にのせた高官の姿が見える。一見、板ささらを鳴らしながら歌唱するように見えるが、藤太を送る龍王の言葉を口誦するとみた方がよいかもしれない。歴史画であることから、昔の治兵衛にならって自己の属性を示す図形を頭にのせたのであろう。この絵は北斎の蛸が定形化した後の時期であるから、作品は当然尖った口の蛸になる。

◉蛸からみた暁斎の戯画

河鍋暁斎が描く蛸について記述を戻すことにしよう。蛸をよく題材に選んだだけでなく、蛸を知り、戯画にひょっとこ口など蛸のもつキャラクターを思うままに生かした絵師である。

この点についてはは別に紹介した龍宮で八人芸を演ずる楽師の蛸や、前述した料理人をあべこべに料理しようとする人の悪まね蛸だけでも十分頷くことができる。この二つの戯画にはたまたま『日本のユーモア』で出合ったのであるが、その頃の筆者は絵画にうとい上、房総のわら蛸だけであっぷあっぷしていて、蛸を描いた絵画も研究素材として面白そうだという程度の関心であったので、制作年代や出所などすぐに分からなかった。たまたま二〇〇二年十月六日付『日本経済新聞』の「妖怪物語」下で、暁斎の妖怪諷刺画や河鍋暁斎記念美術館の紹介記事に出合った。インターネットによる検索も今のようではなかった時代なので、さっそく埼玉県蕨《わらび》市南町の同美術館を見学して、暁斎蛸の資料を探すことにした。

河鍋暁斎記念美術館(旧称、河鍋暁斎記念館)は暁斎の曾孫、河鍋楠美館長が、暁斎とその娘、暁翠、門人など一門を顕彰するために作品展示、研究、情報交換などを行う美術館であり、肉筆本画・錦絵・画稿・下絵・遺品などを所蔵する。

図1-8　暁斎の墓（東京都谷中の瑞輪寺）．ガマの形をした墓石が個性的である．

専門外の問題はその道の専門家の教えを仰ぐというのは、師の一人である慶應義塾の経済学部専任講師（のちに教授）で漁業経済史家、羽原又吉《はばらゆうきち》（一八八二—一九六九）直伝の教訓である。羽原先生と書くべきところであるが、塾社中では先生は福沢先生御一人とする慣行があるし、既に故人でもあるので敬称を省略させていただく。羽原は大分県竹田の人で、東京大学理学部動物学科の出身、在学中プランクトンを研究した関係から卒業後は北海道水産調査部に就職する。しかし、次第に海洋や水産生物、漁撈、養殖の研究だけでは水産を十分指導できないことに気付く。そこで人間の行動、社会のはたらき、経済の仕組みなどから水産圏の抜本的な政策を確立しなければならないという信念に燃え、公務の余暇に魚市場・漁村の研究を始める。いかにも明治の男性らしい行動である。のちに本拠を東京に移し学問的に軽視されていた漁業経済史の研究へ傾倒し、日本漁業経済史の研究で朝日賞（一九五〇年）、日本学士院賞（一九五五年）を受賞するまでに登りつめるのである。プランクトン研究から転向してここにいたるまでの道程は並大抵なことではなかったはずである。自分は人文、社会科学では後輩であると自覚し、常に基礎的な勉強を晩年まで怠ることなく続け、疑問があれば若い人にも辞を低くして尋ね歩いたと聞く。羽原の最後の弟子と自任する筆者は、異分野に手を伸ばすとき、無意識のうちに羽原を真似ている自分に気付くことがある。既に没後五十年余が流れすぎた。

暁斎記念美術館訪問が実現したのは二〇〇五年一月十四日になってからのことであるが、暁斎一門の絵を時間をかけて鑑賞するわけでなく、また暁斎の人と作品を研究するわけでもなく、唐突に蛸のことだけを切り出した私の訪問はどうみても非礼とさげすまれて当然のことであった。しかし幸い寛大に応対してくださった上、私の質問以上に多くの資料を提供してくださり、ありがたく感謝している。

おかげで蛸の八人芸は『狂斎百図』、人の悪まね蛸は『狂斎画譜』と出典が知れただけでなく、暁斎蛸が広いジャンルにわたっていることを学習することができた。杖をついて通りかかった目の不自由な二人連れを無慈悲に襲う大蛸(『暁斎鈍画』初編、一八八一年)は、既に一人を海に巻き込むばかりであり、琵琶を背負うもう一人は杖を失い、腹這いになってなんとか逃れようと必死の形相である。『北斎画鏡』の漁人を襲う大蛸の影響を感じさせるが、北斎のそれより残酷さが伝わってくる。これを本画に仕上げたものがイスラエル・ゴールドマン・コレクションの紙本淡彩「大だこ」であるという(及川茂監修『暁斎の戯画・狂画』)。その一方では、大蛸が肉付きのよい海女の白い尻を抱え込む怪奇的な屏風絵もある(金子孚水監修『肉筆浮世絵集成』Ⅱ、図一九四)。

しかし何といっても暁斎蛸の本領は暁斎が生きた幕末から明治にかけての混沌とした世相に取材した政治諷刺画、とりわけ妖怪諷刺画にある。よく知られているのは、山口静一・及川茂編『河鍋暁斎戯画集』や『河鍋暁斎挿絵』(一)がつとに紹介している、戯作者、仮名垣魯文『大洋新話　蛸之入道魚説教』初編の口絵、二色刷淡彩「蛸入道魚説教図」である。陸上の文明開化にならって海底に維新をもたらそうとした龍王が大号令をかける物語であり、挿絵を担当した暁斎はひょっとこ口をとがらせた蛸入道が魚族に訓令を伝達する場面を描いている。山口・及川両氏によると、魯文は一八七二年すなわち明治五年四月、のちに内務省に合併される教部省が定めた文教政策の基本理念「三条の教憲」（敬神愛国、天理人道、皇上奉戴・朝旨遵守）の意向に沿って著述したというが、両氏のいうように暁斎画では必ずしも蛸入道の伝える訓令に心服を示さない表情の魚族も見えるのである。なるほど暁斎はこの説教図で私語を交わす長老、退屈とばかりに肘をついて煙管から紫煙をくゆらすもの、あるいは蛸入道の教訓話をよそに子に乳をふくませる女性などを描いている。この絵を描く二年前すなわち明治三年旧十月六日、暁斎は大政誹謗を咎められて投獄される。翌四年旧一月三十日放免され、画号狂斎を暁斎《ぎょうさい》と改めるが、説教図を見るかぎり諷刺の精神は些かも衰えを見せていない。ちなみに明治新政府は、旧暦明治五年十二月三日を新暦明治六年一月一日として新暦を採用している。

また蛸が登場する妖怪諷刺画のうち制作年不明、大判錦絵三枚続「龍宮魚勝戦」（多田克己編・解説『暁斎妖怪百景』）、あるいは大英博物館の所蔵で暁斎記念館の絵葉書にもなっている「海の覇権争い」は、どちらも何を描いたのか見当だけはつけやすい。前者は龍宮の魚類軍と陸の河童・猫連合軍の戦争であり、乙姫の傍らで右手に長刀を持ち、左手で捕虜の河童二匹を縛りあげて縄尻をとる鉢巻き蛸が見えたり、逆に河童に組み伏せられている蛸も見られる。どちらの蛸も擬人化された両腕と吸盤の付いた自然のままの足を描き分けている点がおもしろい。他方「海の覇権争い」は、海中から躍り出た一群の魚侍が武器を振りかざして丸腰の栄螺《さざえ》・蛤《はまぐり》・蛸を陸上へ追い遣っている絵である。薩長による幕府討伐、会津・薩摩両藩の兵と長州勢の戦い（蛤御門の変）ないしは公武（朝幕）の抗争を茶化し、諷刺したものなど、敵と味方がはっきり描き分けられている図であると見当だけはつく。

次に元治元（一八六四）年改印、版元築地、大黒屋金次郎、大判錦絵三枚続「狂斎百狂　どふけ百萬編」であるが、大数珠を回す人物・妖怪の真中に「眉間には弥陀の白毫《びゃくごう》ならぬ三つ巴のみしるし。なぜか目は青ざめ、頭部が青筋立った」（『秘蔵　浮世絵大観5　ヴィクトリア・アルバート博物館Ⅱ』）蛸入道が五本足を上げて暴れている時代諷刺絵である。白毫とは阿弥陀仏の眉間にある白い旋毛のかたまりで、阿弥陀にそなわった特徴「白毫相」を表す。

この画について、戦前の『浮世絵大成』第十二巻（東方書院、一九三一年）、『続浮世絵大家集成』第二巻（大鳳閣、一九三三年）、戦後の前掲『河鍋暁斎戯画集』原色口絵など、いずれも何を諷刺したのか拙速な絵解きを避けている。あるいは避けざるをえなかったほど、難題な時代諷刺であることを示すのかもしれない。

この研究状況をふまえ、中村夢乃氏は自身が私蔵する「どふけ百萬編」を公開された（「大判錦絵三枚続「狂斎百狂・どふけ百萬編」」）。誰が貼ったか分からないが小さい付箋を貼って、例えば鯱《しゃちほこ》は「ビシウ」、蝶が頭に留まっている人物は「ナガト」というように、各人物の正体をカナで説明した大変興味深いものである。

中村氏は登場する各人物を逐一考証し、例えば張り紙の「ヒゼン」（肥前）、「センタイ」（仙台）は誤りであり、会津、伊予宇和島藩と解釈すべきであるとか、張り紙の「ゼヾ」（銭）を勘定奉行小栗上野介であろうかなど総点検を行った上、「蛸之足五本ニ付」云々の付箋がある大蛸について、「安政五カ国条約」（一八五八年）の米・露・仏・英・蘭と理解する考えを披瀝している。五か国に自由貿易を許可したので、日本が長い吸盤付きの足で外国にからめ取られる寓意と見るのである。

一方、『暁斎』同号の吉田漱「どふけ百萬編　読解註」は中村氏とは別に独自の観点から、描かれている人物・妖怪について検証を加えた上で、登場人物の顔ぶれが生存あるいは活動時期に必ずしも厳密でないことに気付いている。しかし、全体として何の諷刺であるかについては慎重な立場をくずさず、中央の大蛸に貼られた付箋の「御本丸より御台とも罷り御座成之由」についても十四代家茂と御台所和宮の出御である可能性を考慮しながらも、現実の政治場面としてではなく民衆の間におけるささやきであろうかと態度を保留するのである。ましてや大蛸を江戸城本丸の骨なし蛸とする類の記述は片鱗も見られないのである。

安政の違勅調印問題をきっかけにして尊皇攘夷運動が一気に起こり、朝廷幕府双方の駆け引き、諸藩の思わく騒動で世間が異常にさわがしくなった時代相を描いた諷刺画であることは間違いないが、暁斎研究家の間で『暁斎』第四九号以後、絵解きがどのように進展しているのか私は知らない。目にふれた刊行物の範囲で見ると、前掲した安村敏信氏の解説は具体的には「百万遍を唱える雑兵は攘夷に気焔をあげた猛者どもであろうか」というだけであり、大蛸の正体については言及がない。また及川、前掲『暁斎の戯画・狂画』は、大蛸は骨のない幕府、馬に乗っているのが天皇、鍾馗が水戸公、火に包まれた亡者は井伊直弼、かみしもを着た蛸は足が一本で一橋慶喜など従来の説を紹介するにとどまり、独自の見解を提示していない。この点は前掲『暁斎妖怪百景』についても同様である。

以上のように絵解きの難しい諷刺画であるが、「どふけ百萬編」の大蛸は弱体化した幕府ではありえず、日米和親条約(一八五四年)のペリー、日米修好通商条約(一八五八年)を結んだアメリカ領事ハリス、もしくは安政仮条約(一八五八年)の相手五か国、とりわけ「足五本」の付箋から五か国という解釈に傾くことになる。蛸を外国ないし外国人とみる立場に立ってみると、赤毛だらけの外国人をグロ

図1-9　河鍋暁斎「狂斎百狂　どふけ百萬編」

テスクで悪魔的な蛸にたとえたり（中村、前掲論文）、青目、鼻高に着目する以外に、もう一点注意すべき争点が浮上する。大蛸が手にするT字形の物体が見落とされていることである。幕府の取締りに対する用心からであろうか、「判じ物の様に見えて出鱈目絵なり」（吉田、前掲論文）とするこの絵の約束に従ってT字形に描いているが、実は十字架の寓意であるとみてこの戯画の絵解きにつなげることはできないであろうか。

ただし、これを鐘・磬《けい》・木版・雲版《うんぱん》などを打ち鳴らすのに用いる撞木《しゅもく》とみることもできる。撞木の多くはT字形である。撞木と対になる鐘などが描かれていないのであるから、佐幕を鳴らす鐘や磬でなく、青筋を立てていらだつ将軍家を象徴すると考えることも可能である。これ以上のことは素人の立ち入る余地はない。

それでT字形の物体を指摘した文（以下掲載）を河鍋暁斎記念美術館に届けさせていただいたところ、河鍋楠美館長が原画でT字形を確認された上、研究誌『暁斎』への寄稿を勧めてくださった。その結果が次項「《狂斎百狂　どふけ百萬編》の大蛸について」である。それでほんの一瞬、美術評論家に変身できた上、暁斎が描く蛸絵資料に関するゆきとどいた御教示や資料を何点も提供してくださった恩返しもできた。

《狂斎百狂　どふけ百萬編》の大蛸について

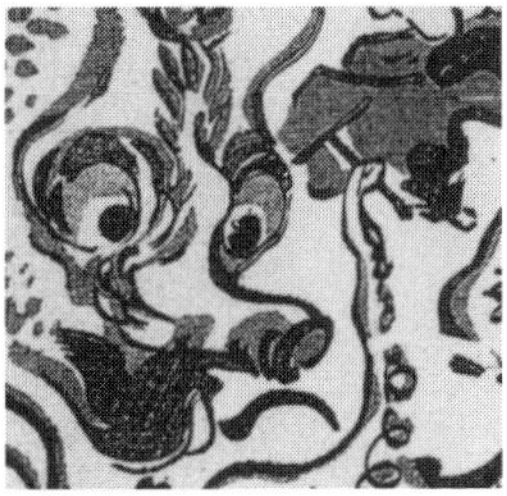

元治元（一八六四）年三月改印、大黒屋金次郎出版、大判三枚続《狂斎百狂　どふけ百萬編》は、画面の中央で青筋を立てた巨大な蛸が五本足をあげて暴れている妖怪風刺画である。

本書の読者には贅言を要しないが、『暁斎』第四九号（一九九三年）に中村夢乃、吉田漱両氏が本作品の読解について研究成果を発表されている。頗る難解な戯画のようであるが、従来の絵解きを通じて遺憾なのは、大蛸がT字形の物体を手にしていることが見落とされてきたことである。目を凝らして見ないと目に入らないほど小さいのであるが、鯱《しゃちほこ》すなわち尾州侯着衣の裾にほど近いところにある。私は戯画の蛸にいつ、そして誰がひょっとこ口を付け始めたのかを探っている。そのため蛸に格別神経を集中させる癖がついていて偶然見つけることができたのであるから怪我の功名というしかない。

小さいが明らかに作り物であるT字形の物体が描かれている以上、そこに暁斎のこめた寓意があるはずである。それが何か読むことができれば、蛸の正体が明らかになり、絵解きにも結びつくに違いない。

『狂斎百図』中に源義朝の幽霊出現を描いた「をんヲあだでなす」が見られる。平治の乱に敗れ東国へ落ちのびる途中、尾張で身を寄せた家臣、長田《おさだ》忠致《ただむね》に計られ湯殿で暗殺された武将である。義朝の幽霊に驚いて倒れる人物がT字形の物を持っている。柄の部分が長いのでこれは捕物に使う突棒《つくぼう》であって、大蛸が握るT字形とは別物である。

思い当たるものには二つあって、その一つは「撞木」である。撞木とは火の見櫓の半鐘、寺院で用いる魚鼓《ぎょく》や雲版、仏具の磬、鉦《しょう》などを打ち鳴らす道具であり、大小あるがその多くがT字形をしている。他の一つは「十字架」である。切支丹に対する幕吏の取締りを避ける用心から、あるいは「判じ物のように見えて出鱈目絵なり」とする本図の約束に従ってT字形になっているが実は十字架とする見方である。大蛸は苛立って佐幕の半鐘を鳴らす将軍家なのか、それともハリスをはじめ日本をから め取ろうとする欧米五か国なのであろうか。

前近代絵画に見られる大蛸は多くのばあい悪役もしくは力の強い暴れ者であることを考えると、《狂斎百狂　どふけ百萬編》の大蛸は強者である安政五か国と見る方に理があるようにも思える。T字形の物体が引き金になって暁斎研究家の間で《狂斎百狂　どふけ百萬編》の絵解きをめぐる議論が交わされればうれしい限りである。

追記

《狂斎百狂　どふけ百萬編》の大蛸に付いているのはひょっとこ口ではなく、高い鼻のようである。原画で確認していないが、その証拠に下に口らしい描写が見られる。鼻の付いた蛸は国芳の団扇絵「蛸と熊の角力」ぐらいで珍しい。ちなみに熊や神楽の汐吹面を見れば分かるように、ひょっとこ（火男）には低いが鼻が付いているし、片目が小さく左右均衡ではない。戯画の蛸とひょっとこは厳密にいえばそっくりさんではないのであるが、尖った口の形状が顕著に類似することから便宜的に蛸のひょっとこ口と称するのである。なおひょっとこ口の付いた戯画の蛸は、目下のところ享保五（一七二〇）年初版、竹原春潮斎画、『鳥羽絵欠び留』にある「大だこ」が元祖の有力候補である。

II　関東の茹で蛸・関西の生蛸

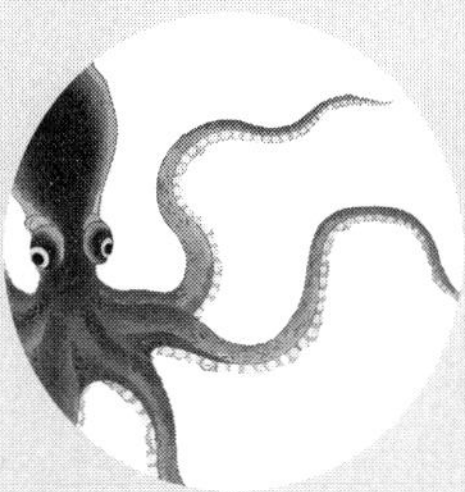

1◉蛸食は弥生の昔から西高東低

伏見人形・白い蛸

パブリック・リレーションズとは行政や企業体が自己の活動、商品を広く知らせて多くの人の理解を高めることをいうのだと思っていたが、研究者にも無縁なことではないと実感している。私が蛸の研究ノートやら研究余滴を何編か積み重ねているうちに「カニがタコにご執心」と知れ渡り、的確な御意見をいただいたり、身近な蛸情報を洩らしていただくようになったからである。たとえ日常茶飯事の情報であろうと、うれしくかつ私には刺激そのものであって感謝している。今や子をもつ親の身となったOBからは「たこ焼きの蛸だけ抜いて食べる」(榎本家)とか、「食べるのはおろか蛸を見るのも嫌がる」(村田家)など御子方に関する情報を寄せていただける。幼時における個人の食物嗜好がどのような過程を経て帰属する集団固有の食物嗜好を身につけるようになるのかは県民性とか国民性、民族性の形成にもつながるテーマである。また旅先からの蛸情報はホットなだけに隠遁の身には新鮮に響くものである。この機会に心優しき方々に御礼申し上げたい。

不本意なことであるが、時間と金銭面でご迷惑をかける結果となってしまうこともある。今回は蛸人形を二点、それに蛸絵のついた陶器を頂戴し、予期せぬことに赤い蛸、白い蛸、紫褐色の蛸が手許に勢揃いした。

赤い蛸は二〇一一年、東日本大震災の津波で罹災し、宮城県名取市愛島《めでしま》東部団地で仮設住宅暮らしを余儀なくされている同市閖上《ゆりあげ》のある方が製作し某大学の学園祭に出品販売した人形で、その名も「復興多幸《たこ》」とは考えたものである（図2-1右）。鹿の子絞りの赤い布地を使って手作りした愛敬たっぷりの蛸人形であり、白い粒状の隆起が吸盤そのままの効果を生み、なかなかのアイデアである。匿名氏が探してくださった。

白い蛸は浅草仲見世助六の五代目ご主人、木村吉隆氏が京都の伏見に唯一残る窯元《かまもと》丹嘉でわざわざ探してくださった純白の蛸の土鈴である（同左）。黒目を金色のリングが囲み、控え目ひょっとこ口に紅をさすだけである。蛸の土鈴は珍しくないのであるが、純白なところがまことに珍稀である。おまけに伏見には、この土鈴以外に蛸の土人形は存在しないことまで突き止めてくださった。

図 2-1 手作りの復興多幸（右）（宮城県名取市）と伏見の蛸土鈴（左）.

紫褐色の蛸というのは、東京の上目黒一丁目、シチリア陶器と南イタリア食材の店ジラソーレに出向いて、詩集『タマシイ・ダンス』で第四一回小熊秀雄賞を受賞した詩人でもあるOGの新井高子さん（埼玉大学）が探してくださった、約一五センチ四方の絵タイルと可愛い絵皿である。シチリア生まれの画家・陶芸家デ・シモーネがタイルの方には全体を紫褐色、傘膜と頭の天辺に青色を使い陽気に踊る蛸を、絵皿には船から海中の蛸を見突《みづ》きする漁人を自由闊達に描いている。こちらの蛸は薄紫色である。腕の数など頓着するはずもなかろうが念のために数えてみたらやはり七腕と五腕であった。新神戸や西明石の蛸壺駅弁「ひっぱりだこ飯」(淡路屋)の上紙が八腕で行儀の良い蛸の図柄(後掲、図2-8)であるのと比較して「日伊文化の違いはこれや」と一人で悦に入っている。ただし近頃、児童の描く蛸には八腕にこだわらない絵も交じる。イタリアの蛸には、どちらもひょっとこ口はもちろんついていない。

シチリア蛸で思い出したのが歌川国芳の天保八(一八三七)年頃の作品で、未裁断のまま後世に残った大判錦絵「鮒と蛸」(版元、辻岡屋文助)である。怒濤中に突出した岩角にうずくまる蛸が描かれていて、クレタ文明の壺の図案に似通う趣をもつ(座右宝刊行会『浮世絵大系10 国貞/国芳/英泉』)と評される秀作である。蛸の柔軟な姿態や両眼を鋭い観察力で生態描写している。デ・シモーネが見たらどう思うことであろうか、ふと気になったので付記しておく。

さて、三色の蛸が勢揃いしたとなると、どうしても蛸の色について話をしなくてはなるまい。ただし蛸が体色と体形を瞬時に変えて身を守る擬態のことではない。蛸の邪魔をしたり手荒く扱ったりすると蛸は体色を紫色といってもよいほどの深紅色に変えるのだという。恐怖、怒りなど感情に激変があった時に帯びる体色であって、興奮が静まると赤味が減って平常どおりの色をとり戻す。海洋調査船カリプソ号で世界中の海を回ったフランスの海洋探検家でアクアラングの開発者ジャック＝イブ・クストーがそう書いているが(クストー、ディオレ、前掲『海底の賢者 タコ』)、この体色のことでもなく、今回は食べる蛸の色である。

入浴したり酒に酔って赤くなったりするさまを「茹で蛸」というように、蛸を加熱すると赤色を発する。この点はカニやエビと同じである。カニやエビはアスタキサンチンという赤い色素をもっている。この色素はカニ・エビが生きている時はタンパク質と結びついて青黒い色をしているが、加熱するとその結合が切れて赤くなるとか、あるいは加熱するとタンパク質が変性しアスタキサンチンが遊離し、酸化してアスタシンができるためなどという。蛸の場合は体内に紫黒色、赤褐色、黄色の三つの色素をもつが、茹でた時に出るアルカリ性の煮汁が紫黒色の色素胞を溶かし赤くなるとか、ヒドロキシキヌレニンを産出するためであるなどと食品工業の事典に書いてある。

茹で蛸が赤いといっても、マダコとミズダコとでは茹でた時の発色に若干違いがあって見分けがつくといわれる。近海産マダコは濃い小豆色となるが、ミズダコは湯引きをしても煮てもマダコほどには赤くならないというのである。冬の季節、特に正月料理に欠かせない酢蛸は濃い赤色をしているが、これはミズダコを着色したものである。祝膳のタイ・イセエビ・タコなど、どれも鮮やかな緋色でないと日本人は気が済まないところがある。

輸入物はスペインの対岸モロッコをはじめとしてモーリタニア、セネガル、ガンビア沖合で沿岸国や外国漁船が獲った蛸を日本の水産商社が冷凍品の形で輸入し、それを加工業者が茹でて各地の卸売市場に至って流通させる。アフリカ北西岸のマダコは茹で上がりがピンク色に近く、蚕豆《そらまめ》とのマリネは色合いの美しさと二つの食感の組み合わせの妙からこれはこれで愛好する人がいる。

ほかに、吸盤の白い蛸がアフリカ産、小豆色が国産物という鑑別方法を唱える説もある(魚類文化研究会『図説　魚と貝の事典』)。

蛸の人形についても、「赤もの」というように土焼き、練り物、紙張子の別を問わず、大体が赤で

図 2-2　魚の棚商店街では，昼網で獲れた蛸や鯛，魚介類が時を置かず店先に並ぶので新鮮そのもの．たこ焼きの店も交じるが，ここでは明石焼を玉子焼ともいう．中身が，蛸と穴子の２種類があった．

ある。では伏見の蛸土鈴は全体がなぜ純白なのか。窯元では茹でる前の蛸だというのを側聞したが、一概にシニカル・ジョークとして片付けられないものがある。関西の人が蛸を白いというのに一理なくもないからである。

関東の茹で蛸、関西の生蛸

もともと関東と関西とでは蛸の売り方が違っている。関東の酢蛸、関西の生蛸《いけだこ》(石黒正吉『日本の食文化大系6　魚貝譜』)といってもよいし、関東で魚屋の店頭に並ぶのは茹で蛸、関西のそれは生蛸(矢野憲一『魚の文化史』)といっても同じである。

元禄五(一六九二)年の井原西鶴『世間胸算用』巻一の三「伊勢海老は春の栬《もみじ》」の絵図を見ると大坂備後町(現・大阪市中央区)の魚問屋の一場面で、盤台に生蛸二杯を並べて売る場景が描かれている(図1-5)。矢野憲一氏のいう「頭を持ってぶらさげると足がだらりとさがる生きたタコ」である。ちなみに烏賊・蛸や船を数える語は「杯」である。

現在でも明石の魚の棚(御当地風にいえば「うおんたな」)では、朝三時に出漁して漁獲してきた近海物を昼前の昼市で競りにかける。いわゆる「昼網」である。

魚の棚でなくても関西では神戸新鮮市場内の東山商店街のような昼網を扱うところであれば、昼すぎにはトロ箱に入ってニュルニュルと足を動かす生きた蛸や桶で泳ぐイイダコが店頭に並ぶ。小振りの生蛸を一杯まるごと買うのが本来なのである。

さてその生蛸の調理であるが、ぬめぬめした生蛸はプロの料理人にとっても調理しにくい食材であり、料理人それぞれの工夫があるようである。まず蛸の「ぬめり」を取るという厄介な、しかし省くことのできない基本的な下拵《したごしら》えがある。墨袋と内臓、目と口を取り除き、ぬめりが取れるまでたっぷり塩をこすりつけてよくもむ。もむと泡が出てくるので水でよく流してからまた塩でもむ。この塩もみを念入りに行うのが一般的である。しかし塩もみをすると塩が身に染み込んで塩辛くなるだけでなく、身がしまってかえって固くなるので柔らか煮には厳禁だと称し、米糠や片栗粉でこすって水洗いする料理人もいる。逆に米糠を使うと臭いが蛸について旨みを落としてしまうといって、何も使わず

図 2–3　七夕笹飾りの魚の棚.

図 2–4　(上)JR 明石駅南口から出て正面に見える，魚の棚入口の絵看板．蛸が鯛を持ち上げている．魚の棚商店街(約 350 メートル)を南北に交差するにしき通り．(左下)魚の棚，明淡通り沿いから見える蛸の看板．(右下)魚の棚，明石銀座沿いから見える鯛の看板．

図 2–5　京都色里の台所．生きた蛸が俎板に置かれている．

ひたすら手を使ってもみ、ときどき水洗いすること三十分から四十五分、ぬめりを完全に落としてから晒布《さらし》をかぶせて大根で四十五分から一時間叩く料理人もいる。料理人にとって「手間こそ旨さの素」というものの、料理人や料理によって方法はさまざまなのである(『サライ』一九九三年二月号、東海道・山陽新幹線車内誌『ひととき』二〇〇二年十月号、『dancyu』一九九一年十月号、『アエラ』一九九一年二月十九日号など)。

関西の一般家庭料理では、魚屋が塩もみをしてぬめりをよく取ってくれた蛸を持ち帰り、足を切り離し、薄切りにしてあら塩でそのまま食したり、茹でたり煮たりするのが本来であるという。つまり生蛸で売買するからといってすべて生食するわけでなく、里芋と炊き合わせたり、小豆と炊き合わせた、いとこ煮、甘露煮、イイダコの桜煮などにするのである。薄味おでんを「関西だき」といったのは森繁久弥であるというが、おでんにも蛸は欠かせない。冬場が旬の蛸のてんぷらも関東ではあまり出合うことがない。

料理屋ではどうであったのであろう。図2–5は八文字自笑『傾城禁短気』、正徳元(一七一一)年の巻六、第三話「不審を打たる太鼓の善悪」の挿絵である。色里一遍上人なる人物が、京都の色里で御大尽の機嫌を取り持つ末社(太鼓持)にとって肝心なことを語って聞かせる話である。挿絵はあじなことを知りすぎて末社に身を落とした男が以前は下目に見ていた人にも無念ながら世辞を使い、気をそらさせぬよう仕える場面である。絵左上に台所が描かれている。煮方の背後に椀を整えるらしい中居と蛸を俎板に置いた料理人が見える。蛸は足を丸めた茹で蛸ではなく、足をだらりと伸ばした生きた蛸である。このあと蛸がどう調理されたのかは想像するしかないが、蛸と鴨の杉焼きは祇園の茶屋における代表料理であったという。

図2–6 元禄3(1690)年刊『人倫訓蒙図彙』巻2「料理人」. 蛸が下拵えを待っている. 蛸のもみ洗いは「夫に見せまじもの」という俚諺があったところをみると, かなり力のいる仕事であったようである.

雑誌『dancyu』一九九一年十月号に、魚の棚近くにあり「蛸づくし会席」で知られた明石屋(明石市本町)の工夫を凝らした各種蛸料理が紹介されている。高級料理、旅館の人丸花壇(明石市大蔵天神町)と並んで蛸の町、明石の蛸料理屋として東京人にも広く知られていたが、残念ながら既に廃業している。それで今となっては貴重なルポルタージュとなっているが、念入りにもみ洗いした足の皮(外皮)を引き、さらに薄皮(内皮)やぬめりを取って足の太い部分を薄造りにする。皿の上に作った欠き氷の「かまくら」に入れる。さらにそぎ落とした吸盤部分の皮をさっと湯がき、穂紫蘇《ほじそ》、紅蓼《べにたで》で山葵《わさび》と共に薄造りに添えたのが明石屋で出す蛸の刺身であったようである。その他「海藤花」(蛸の卵)の吸い物、炊き合せ、田楽、天ぷら、酢のもの、変わり鉢などなど。

図 2-8　蛸壺駅弁当「ひっぱりだこ飯」.

図 2-7　天日干しの蛸を観光土産にした,「たこめしの素」.

明石屋だけでない。その近くの明石港と淡路島岩屋港を二十分で結び、明石蛸の宣伝に一役買っていた「たこフェリー」(明石淡路フェリー)も明石海峡大橋の架橋(一九九八年)によって利用者が減少し二〇一二年廃止された。

また二〇〇六年に始まった町づくりの一環の御当地検定「明石・タコ検定」は正解八〇%以上で合格認定証カードとピン・バッジを交付するものであり、第一回に十歳から七十五歳までの五百三十人が応募、第二回も五百八十人の申込みがあったという。しかし、年一回のこの催しも二〇一一年に終了した。

しかし明石蛸が獲れなくなって、蛸料理や明石蛸による町おこしが成り立たなくなったというわけではない。市の農水産課水産係によると市内五つの漁業協同組合で近年、年間一〇〇〇トン前後のマダコの水揚がある。また毎年数千個の産卵用蛸壺を投入したり、抱卵中のメス蛸を禁漁区に放流するなど、タコの資源管理も行っているという。

地域振興の団体、組合も町おこしに熱心であり、さかなクンを「明石たこ大使」に招いたり、明石駅と魚の棚を結ぶ歩道橋を建設したりしている。最近では、市立産業交流センターが「たこリンピックin明石」を企画、八月五日、リオ五輪で日本が金メダルを何個とるかを明石蛸が占うイベントを開いたところ八個と書いた箱に入ったという(二〇一六年八月六日付『東京新聞』朝刊)。

「明石逸品ガイドマップ」には昼網で仕入れた鮮度抜群の「前もん」海産物を扱う鮮魚店、鯛・焼きあなご・蛸かまぼこ・くぎ煮などの水産加工品店、飲食店、菓子店が丁寧に紹介されている。カステラ風の生地で餡を包んだ浅草名物人形焼も明石にくると「たこまんじゅう」になったり、蛸の子に見立てた求肥入りの「子もちたこ最中」になる。飲食店には知名度の高い明石焼の専門店や蛸料理にこだわる料理店がもちろん含まれている。しかし飲食店が増え、その分魚を売る店が減り魚の値段も上がった。魚の棚は観光客の町となり、地元住民のためではなくなったというタクシー運転手さんのボヤキも聞かれた。

また市立天文科学館の北隣り、ということは日本標準時子午線(東経一三五度)上に位置する、学問と良縁の柿本神社が授ける受験合格の蛸人形オクトパスも健在であって、一個千円で授けている。

図 2–9　備讃瀬戸の海底から網にかかって引き揚げられた，丸底の古い蛸壺．蛸壺蒐集家「つぼのや主人」こと谷明美氏宅(倉敷市)にて(1989 年 10 月)．

蛸の下津井瀬戸大橋(一九八八年)の本州側の起点、倉敷市下津井は前面の海に四つの漁港を発達させるほど豊かな海で、とくに明石と並ぶ日本有数の蛸漁場であったので付け加えておく。レール幅がJRより三〇・五センチ狭い狭軌の軽便鉄道である下津井電鉄が二両編成で児島から下津井まで通じていた時代に一度ここを訪れたことがあるが、児島へでも出荷するのであろうか、乗車場に漏斗から海水を盛んに噴出する飯蛸を入れた桶があったり、土産物屋に海底から上がったフジツボがびっしりと付着した蛸壺や飯蛸を獲る釣鐘形の蛸壺が並んでいたりして、蛸の町らしい風景の片鱗がうかがえた。ただし蛸の水揚げは減少し、蛸がいくらでも獲れて蛸足のてんぷらが子どものおやつになった時代はすぎていたようである。

下津井電鉄が一九九〇年限りで廃止された後にも出張で塩飽《しわく》諸島の本島《ほんじま》（香川県丸亀市）へ渡る途中下津井を通ったが、泊まるほど日数の余裕もなく、かねて側聞していた生簀から出した生蛸を俎板の上でいなしながら皮をはいでいくという下津井の蛸専門料理屋を訪れるチャンスにも恵まれなかった。その後、日本航空機内誌『アテンション』（一九九二年初秋号）によってその店が下津井港近くの保乃家《やすのや》のことであると知った。同誌の記事によると、ふぐ料理の板前であった前田保氏が一九四六（昭和二十一）年頃復員して下津井で再出発する時、ふぐ刺にならって蛸刺を考案したのがはじまりだという。さらに、日本エアシステム機内誌『アルカス』（一九九四年十一月号）に保乃家二代目原隆氏のことが紹介されていた。その記事によると、保乃家では料理直前に蛸を生簀から出して足を切り離し、吸盤が俎板に吸いつき固定するのを利用し、客の目の前で皮をむいてしまうのである。食膳に運ばれてからも身を縮めたりするほど活きがよいことになる。他の蛸料理も多年にわたる客とのやりとりで生まれ、主人の工夫で育ったオリジナルばかりということから下津井生まれの「元祖たこ料理」を名乗るようになった。さらにその味を日本史学者で立命館大学教授、奈良本辰也氏が絶賛するや店の名が全国に知れ渡ったというのである。ちなみに全日空機内誌『翼の王国』（二〇〇〇年七月号）にも保乃家の蛸づくしの紹介がある。こうして目で読み耳で聞く店であったが、とうとう足を運ぶことができずじまいでいる。

保乃家の生い立ちを知って、『アエラ』(一九九一年二月十九日号)で読んだ下津井の魚屋さんのお内儀が語ったという「蛸の刺身は近頃の料理」という意味が納得できた。この話と瀬戸内の蛸料理は真蛸の柔らか煮、小豆とのいとこ煮、天ぷら、きゅうりとの酢の物、飯蛸の桜煮くらいだったと『アエラ』編集部記者に語った安芸津《あきつ》(広島県東広島市)の旅館女主人の話(『アエラ』同号)を照合してみると、瀬戸内の蛸刺は飯蛸の磯焼きがそうであるように珍味を求めるレジャー客の目にとまりやすいし、うまいのも事実なのであるが、瀬戸内にとっては戦後に出現した新顔の蛸料理と考えてよいようである。蛸の刺身は中国、九州でも見られるが、同じように考えられないであろうか。

さらに前述の旅館女主人の話は「活け蛸の刺し身は、大阪の料理屋が始めたのが、瀬戸内に広まったらしい」と続く。海水に諸魚を入れて蓄える生簀が近世の大坂を中心にして発達していたことは別の機会に寛政年間(一七八九―一八〇〇)の『摂津名所図会』巻八、「兵庫津の生簀」の図を引いて紹介したとおりである。生簀には魚に交じって蛸の姿も描かれている。生簀は本来、天候のいかんにかかわらず水産物を安定的に供給するためのものであるが、客の求めに応じ随時新鮮な魚貝を調理場へ提供するためのものでもある。生簀が蛸の刺身を生む予備校になったとしても不思議ではないので、生蛸の刺身が大坂の料理屋から始まったという説は信憑性が高いと思ってよいであろう。

曾根崎新地一丁目の活たこ料理専門店「たこ茶屋」で人気の一品「おどり」は生蛸をぶつ切りにして皿にのせ、しょうが醬油で食べるが、足がにょごにょごと動き皿の外へ出るかと思えば、大きい吸盤は指でつまんで離すしかないほど皿に吸い付く。店のオリジナルであって在地の料理ではないという。割箸の先にテナガダコをまきつかせ一気におどり食いする、韓国木浦市方面の多島海食文化から

図 2-10　曾根崎新地の活たこ料理専門店のたこ茶屋（当時）．おどりのほか，客の前で炭火で飯蛸を焼く磯焼き，蛸しんじょ，ゆず釜，せんべいなど店主が独自に開発した調理法は300種類もあるという．

ヒントを得たのであろうか。生蛸の大坂発祥について、京阪を対象とする食文化史の専門家がこの問題を明確にしてくださるとありがたいと願っている。

大阪で旅行者にも知られている蛸料理となると、おでんである。道頓堀一丁目の「たこ梅」は江戸後期の創業以来、錫の上燗コップを使い、鯨の舌（さえずり）、たこ甘露煮が名物。新梅田にも支店がある。

さて、茹で蛸文化の関東では、茹で蛸の足の薄い切身が刺身であり、握り鮨になって出てくる。茹で蛸であっても色が赤く変化するのは皮の部分であるから、皮をそぎ落とせば純白になるのであるが、実際にはそうしないので外側は赤いままである。また身の方は純白といっても、関西風の生蛸の皮と吸盤をそいだ蛸刺の半透明な純白さとは見た目が異なる。噛むほどに舌の奥でほんのり甘味が広がる点はどちらも同じであるが、茹で蛸の方は歯ごたえが重いなどと考えているうちに伏見の蛸土鈴がふと頭に浮かんだ。茹でる前の体色が純白な蛸などこの世にあるはずがない。生蛸を刺身にした純白でムチムチしてなんとも艶っぽいところがよいという関西人がいるところを見ると、伏見の蛸土鈴が白いのは関西人の美意識にある蛸であって、関東人の与り知らぬ風景なのかもしれないと思ったりした。

ここでちょっと寄り道をするが、昨今ピンク色の蛸も登場している。といっても食べる蛸ではなく、子どもの遊具の一つ、モルタル製オブジェ「蛸のすべり台」の話である。蛸の頭部から伸びる複数のすべり口が迷路のようにからまり、地上へ続く。上からすべるもよし、下から登るもよし、鬼ごっこやかくれんぼもできる。頭部の空洞はおしゃべりの場となる。その第一号誕生の地は東京都足立区の新西新井公園で、そこから全国に広まったという(『日経マガジン』二〇〇九年五月十九日号)。時移り蛸のすべり台も全国的に抽象的デザインに生まれ変わったが、その色がなんとピンクなのである。蛸の現代感覚なのであろうか。蛸の足がトンネル、すべり台になっていることは変わりない。「関門海峡たこ」のブランド化を進める北九州市が、門司区和布刈《めかり》公園に対岸下関からも確認できる巨大な蛸のすべり台を作ったと報ずる二〇二一年四月二十四日付『朝日新聞』夕刊でそのことを知った。

蛸食の西高東低

以上記したように日本では蛸好きの都市は大阪湾、瀬戸内海方面に集中する。西日本の蛸好きが、弥生時代のかなり古い段階に遡ることは別稿「縄文人は蛸を食べていたか」で記している。西日本ではただ古くから蛸をよく食べ、各種蛸調理法を発達させただけでなく、長い蛸食の歴史の中で祭りや行事、信仰、民俗などの諸分野で蛸食文化を育んでいる。京都の「十夜蛸」、堺の大魚夜市の「大祓蛸」、西日本の「ハンゲダコ」などの「祭り蛸」については別にふれたが、大阪の天神祭でも鱧《はも》、素麺と共に蛸を欠かすことができなかった。既に弥生の頃からみられる蛸食の西高東低という地域差が続いているのは確かである。

しかし漁獲高となると北海道が日本一であることも書いておかないと不公平である。一九九四年時

図 2–11　TAKOPA の看板をかかげるたこ焼きパーク(旧大阪たこ焼きミュージアム). たこ焼き店の集まるこの TAKOPA は大阪の食べる, 買う, 楽しむを一度に体験できるというユニバーサル・シティウォーク大阪にある. 創業昭和 8 年の元祖たこやき大阪玉出会津屋, 十八番, たこ家道頓堀くくる, あべのたこやきやまちゃんなどの人気店が集まっている.

点で市場その他で蛸と呼ばれているものの県別生産量ベストテンをあげると、北海道・兵庫・福島・愛媛・青森・香川・山口・岩手・宮城・長崎の順となる（農林水産省『平成六年　漁業・養殖業生産統計年報』）。今世紀に入ってからの統計では農林水産省の『第88次農林水産省統計表　平成24―25年』を見ると北海道・兵庫・香川・青森・岩手・福岡・長崎・山口・愛媛の諸県が上位に名をつらねる。東日本大震災によって宮城、福島両県の水産物が受けた大きな打撃が蛸漁獲量にも表れてベストテンから落ちているが、北海道を筆頭に三陸・瀬戸内海・北九州西部に大きな蛸の漁獲があることが分かる。

もう一点、蛸の漁獲量と蛸の消費量とが必ずしも一致しないことにふれておく。試みに二〇〇八年度の総務省の家計調査によると、都道府県別に見た蛸の消費量で首位は香川県で一世帯当たり一三九〇グラム、全国平均六九二グラムの二倍となっている。香川に次いで多い所は兵庫・大阪・愛媛・京都であり、この次に北海道・岡山・奈良・山口・和歌山と続く。最下位は沖縄で三〇三グラムである。「デパ地下」で蛸一〇〇グラムがどのくらいの量なのか目で確かめることにしたところ、運良くモロッコ産蒸し真蛸一〇七グラムが発泡スチロールの容器に載っていた。その実感からすると海洋的な沖縄の一世帯年間三〇三グラムはいかにも少ない感じがぬぐえない。これはまずこの調査が各県庁所在地の二人以上の世帯の中から抽出した九千世帯を対象にしたことや、購入量を消費量とほぼ同じと考えていることによるのである。例えば県庁所在地外の人が蛸を獲り自家消費した分は反映していないのである。「統計の嘘つき」というのがこれである。コードをよく読まないとこの嘘にだまされてしまう。さらに一般家庭における消費量であって、外食分が入っていないので実感がわかないのであろう。

いずれにせよ北海道が蛸の消費で全国首位でないことは確かである。しかし北海道白糠郡白糠町恋問の道の駅前に、全国初のハート形郵便ポストが出現している。道の駅のキャラクターである蛸のコイタくん、烏賊のメイカちゃんのイラストが描いてあり、地名のコイトイ(恋問)にちなんで恋の叶うポストとしているという報道(ウェブ版『北海道ファンマガジン』二〇一四年八月四日)や、かつてニシン漁で賑わった増毛《ましけ》町で留萌《るもい》本線の廃線に伴い地元産ミズダコの唐揚げ「ザンギ」で町おこしをはかるなどのニュースがテレビで流れるところをみると(日本テレビ「ニュース・エブリィ」二〇一七年五月三日)、筆者が知らないだけで、北海道独自の蛸文化が出現しているのかもしれない。

図 2–12　大阪城の蛸石．築城に使われた石材のなかで最大のものが桜門枡形にある推定重量 108 トン，表面露出面積 59.43 平方メートル，高さ 5.5 メートルの蛸石である．戦国大名池田輝政の三男で淡路国を領した池田忠雄が，備前犬島で切り出し徳川氏の大阪城修築に寄進した良質の花崗岩．長雨が降ると蛸の形が浮き出るところから蛸石と呼ばれる．雨で石の鉄分を含む層が酸化して赤い 30 センチの蛸の胴形が浮き出ることが江戸時代中頃からとりざたされた．変哲もない楕円形なのであろうが，それを蛸に見立てるところは大阪ならではである．

2◉蛸を食べて稲の豊穣を祈る

私たちの祖先が蛸を拠り所にして祈願したものの中に稲の豊穣がある。これについて矢野憲一氏は関西で半夏生《はんげしょう》の日に「ハンゲダコ」と称して蛸を食べる習慣があることと、もう一つ、四国の愛媛県で田植え始めに田の神を迎える農村行事「サンバイオロシ」の際に蛸を必ず供える習慣をあげている（矢野、前掲『魚の文化史』）。また神崎宣武氏も同様の記述をしている（「タコのいぼも信心から――タコと信仰」）。関西の記念日マーケティング（記念日を設けて特定の商品を販売すること）であって関東に住む私には縁のない食文化だと思っていたが、二〇一五年六月三十日の新聞折込みスーパーマーケットのちらしに半夏蛸の広告が出てきた。「七月二日（木）の半夏生はたこパーティー」（東武ストア）、「半夏生お手軽！ おすすめ夏の涼味特集」（スーパーベルクス）とあって、各々半夏生になぜ蛸を食べるのか説明がついている。二〇一六年にも繰り返されているから半夏蛸を関東に広める算段らしい。アメリカ起源の母の日、バレンタイン、ホワイトデー、ハロウィーンなど企業側が新しい年中行事、食文化を積極的につくる御時世なのである。しかし半夏生と蛸を結びつけることは間違いではないが、百点満点というわけにはいかない。

まず半夏生に蛸を食べる習慣から考えていくことにしよう。旧暦では自然現象にもとづき一年を四季、二十四節気、七十二候などに区分して時候の変化を示すが、半夏生は七十二候の一つであり、薬草のハンゲショウ（ドクダミ科の多年草）が生えてくる時節という意味である。具体的には夏至の第三候、太陽暦では七月二日頃となる。

ところで『簠簋内伝《ほきないでん》』、正式にいえば『三国相伝陰陽輨轄簠簋内伝金烏玉兎集』という暦と占卜についての書がある。同書序文は平安中期の陰陽家安倍晴明（九二一―一〇〇五）が唐に渡って伯道上人という人物から『金烏玉兎集』を伝えられたと主張するのであるが、もちろん晴明に仮託しただけのことであり、実際には南北朝から室町前期の書物だという（山下克明『陰陽道の発見』）。諸橋轍次『大漢和辞典』巻二、半夏生の項からの孫引きで恐縮千万なのであるが、『簠簋内伝』に「半夏生、五月中十一日目、可注之、此日不行不浄、不犯婬欲、不食五辛酒肉日也」と書かれている。半夏生の日には不浄なことを行わず、また色欲も慎む。さらに五辛すなわち韮《きゅう》（にら）、薤《かい》（らっきょう）、葱《そう》（ねぎ）、蒜《さん》（にんにく）、薑《きょう》（しょうが）など香気の強いものや酒、肉を口にせず、身体機能が活性化するのを抑制し、行動を慎むという意味である。一種の、物忌《ものい》みである。なぜ半夏生に飲食・行動を自制したのかについては、小学館『日本国語大辞典』第十一巻「はんげしょう」の項に次のような記述があって参考になる。

はんげしやうの日は毒がふるとかやいひならはせり（『俳諧　類船集』一六七六年）
世俗には、此日つみたる青き葉の類を不食といへり（『俳諧　増山の井』一六六三年）
半夏生には小麦団子を祝食するもの（『譬喩尽』一七八六年）

事典頼みでますます気が引けるのであるが、半夏生の日には毒気が降ってくると信じられており、そのため毒気を避けるさまざまな祓禳《ふつじょう》が伴ったことを述べているのである。ただし祓禳の中に蛸を供えたり食べることは出てくるはずがない。七十二候は元来、華北内陸に住む漢族のパラダイムであって、主に華南沿岸の地方性食物である蛸が顔を出すはずがないのである。つまり半夏生と蛸は元来、無関係な別物と考えておかなければならないのである。前に紹介したハンゲダコの解説に私が間違いではないが百点満点をつけられないといったのは、このあたりのことによるのである。

蛸がかかわるのは田の神の方である。この国では田植え始めの祝いを広く「早降《さお》り」、田植え仕舞の祝いを「早上《さのぼ》り」といった。「早《さ》」は浄《きよ》いものにつける接頭語であるという。何が、あるいは誰が上り降りするのかというと田の守り主である「さんばい様」である。さんばい様は一か所に定住する神ではなく去来する神なのである。私は日本の民俗学のきちんとしたトレーニングを受けているわけではないので専門家の学識を借りることになるが、柳田国男は山から迎える神が田の守り主であると捉えたのに対し、折口信夫は海の神、つまり海のかなたの常世の国の神が田の守り主であると位置づけたという(野地恒有『漁民の世界』)。どちらも常在する田の精霊とはみていないのである。

去来する神であるので、田の畦や水口に供物をして、田植え始めにこの神を迎えるのが「早降り」、「さんばい降ろし(サンバイオロシ)」であり、田植え終わりにこの神を送るのが「早上り」、「さなぼり」なのである。「さなぼり」は「さなぶり」とか「さのぼり」ともいう。神官を招いて行う類の神事ではないが、神事であることに違いはない。この神事に必ず海の魚を供えるとか食べることが、日本各地で見られた。田植えに必要とされた海の魚を「田植え魚」という。田植えになぜ海の魚を欠かすことができなかったのか、前掲、野地氏の著書によれば、柳田はなまぐさとして魚を食べない仏教の戒律を破ることによって物忌みや死の忌みにないことを証明する、「忌み明けのしるし」だとする解釈をとったという。これ以外については、野地氏の著書を御読みいただくことにして省略する。

内閣文庫蔵『筑前歳時図記』（筆者不明）五月の項に、早苗を植え終えた人が産土神の広場で太鼓を叩き飲食して「さなぼり」を祝う場景が見られるが、何が田植え魚であったのかまでは分からない。また田植えを終えた四国香川県の農家が田の畦に酒・うどん・焼魚（魳《かます》）・茹で蛸などどきまりの品を供え、田の神を拝んでから一同会食する「早上り」の風景を映像で見たことがある（NHK、BSプレミアム「もてなしの国の物語、春のごちそう」再放送、二〇一五年五月七日）。ここでは魳と蛸が田植え魚であるが、島根県では田植えに鰯が不可欠であったという。

また田植えだけでなく、盆や正月でも海の魚が用いられた。「盆魚《ぼんざかな》」、「正月魚」がそれである。野地氏はこの盆魚に用いられた魚がサバだけではなく、トビウオ、イワシ、アジ、タラ、ニシン、サケなど多様であることに着眼し、ある地域において特定の魚が盆魚に決まることについては、その地域でその魚が盆の頃に広域に行き渡るほど大量に獲れるか否かによるのだと考え、魚の供給量に注目している（野地、前掲書）。盆魚に対する野地氏のこの考え方を田植えを祝う田植え魚、本稿では田植え蛸ということになるが、これにあてはめることもできそうである。須磨水族館長を務めた水産学者で蛸の人工増殖で知られた「たこ博士」井上喜平治氏が、野地氏の考えを実地に目で見るかのように風景を描写しているからである。すなわち一九六一年刊行の著書『魚の城』において、播磨《はりま》地方には蛸を食う日というのがあるとして、同書「水族ごよみ」七月の中で次のように述べている。

当日は明石から、明石の二見から、毎年大量の蛸が自転車に積まれて、朝早く、三木街道を、また小野街道を北へ北へと運ばれて行く。それは半夏生の日の事である。(九二頁)

蛸は海魚ではないが、海の幸ということで同列に扱ってよいであろう。右に引用した井上氏の証言は、一九六三年の寒波「サンパチ冷害」で明石蛸が壊滅的な被害を受ける(神戸新聞明石総局編、前掲『明石 さかなの海峡』)直前の貴重な見聞である。当時明石で毎年約四十万貫(一貫は三・七五キログラム)のマダコの水揚げがあった。六月から八月はちょうど瀬戸内海など日本南部地方におけるマダコの盛漁期に当たり、蛸が子どものおやつになるほどいくらでも獲れ、しかも蛸が美味しい季節であったのである。ちなみにマダコより小さいイイダコの漁期は二月から五月であり、どちらかというと農閑期に当たる。

明石蛸が全国ブランドであったのは、瀬戸内海屈指の好漁場鹿ノ瀬(明石沖から播磨灘中心部にかけて広がっている長大な浅瀬)がひかえていたからである。この魚の宝庫を代表する顔は鯛と蛸であった。そこで井上氏がいうように明石から二見、その対岸の淡路などに蛸の日本一の漁場で生計を立てる蛸漁業者の集落が続いていたのである(井上喜平治、前掲『魚の城』)。当然そこに魚商人が介在することになる。

一方田植えの方であるが、田に水を引き入れる灌漑《かんがい》の都合上から、広範な地域が一時《いっとき》に一斉に実施するわけにはいかない。したがって（実態を調査したわけではないが）どの地方でも、古く灌漑系統によって田植えの期日ずれがあり、早降り、早上りもまちまちの日に行った時代があったに違いないのである。この期日ずれは田植えを互いに手伝い合う結いの仕組みを維持する上では好都合であるが、田植え魚を売る魚商人にとってみればもどかしく不便なことである。もし広域にわたり同じ日にまとめることができれば効率よく大きな商いができるからである。そのタイミングとしては田植え始めの時期よりは田植え仕舞の時分、すなわち早上りの時期の方が好ましい。ハードな田植えがあらかた終わり、一区切りついた短い農休みの時であり、また苗が病虫害や台風にあわずによき稔りとなるシミュレーションもできる時だからである。苗を手植えした時代、関東以南では七月上旬が早上りの時期であり、ちょうど梅雨あけの頃に当たる。これに前後する時期で期日の一定した節気は夏至から数えて十一日目、陽暦七月二日頃の半夏生ということになる。そこで早上りを次第に半夏生の日にまとめるようになり、かつ播磨ではマダコの盛漁期に重なったことから、時が旧《ふ》るうちに広く今日の「ハンゲダコ」の風習が形成されたものと推察するのはいかがであろう。その際より積極的に与って力があったのは、蛸を供給する側であろうと私は思っている。もしそうであれば企業が新しい行事や食文化をつくり出すのは今に始まったことではないことになる。

本来「田植え魚」である蛸が田植えとは無縁である半夏生の日に移され、呼称もハンゲダコで通用するようになったわけを私は右のように仮想しているのであるが、井上喜平治氏も一九七七年刊行の前掲『蛸の国』で、播磨地方では蛸を食う半夏生の日を、昔から農村で行われている行事の一つで田植えがすべて終わって田の神様をお送りする祭りである「さなぼり」に当てていると書いている。つまり日取りは半夏生であるが蛸を食する本来の意味が「早上り」であることはちゃんと伝承されていますよ、というメッセージなのである。

以上、播磨地方でマダコが半夏蛸になったのはマダコが広域に供給できるほど大量に獲れる盛漁期に当たったことが、一定期日に供給することを便宜とする漁業者、魚商人の都合とあいまって七十二候の半夏生にまとめられていったとする私の推測を述べた。しかし蛸を田植え魚とする風習は播磨に限らないのであるから、田植えになぜ蛸を食べるのかも別に考えなければならない。

これについて注目すべき説がある。「タコの吸いつく習性にあやかり、苗の活着の早からんことを祈る」、「タコの足を伸ばした姿が発育のよい稲が枝分かれする姿に似る」ことによるという説がそれである(矢野、前掲書)。その他では蛸の足のように稲がよく稔るように(大洋漁業広報室編『お魚おもしろ雑学事典』)、あるいは蛸の吸盤ほどの籾粒がつくように(鈴木棠三『日本俗信辞典 動・植物編』)などと蛸の腕足にあやかって稲の豊穣を祈るのだとみる説がある。

稲は植えて数日すると新しい根が生えて活着する。さらに成長するにつれて一定の間隔で次第に節が増え、その節から茎が出る(分蘖《ぶんげつ》)。「水田に植えた稲の苗がよく分けつしてタコの足のように強くあれかしと祈って」(井上喜平治、前掲『蛸の国』)というように、活着し、分蘖していく稲の可視的成長を蛸のパワフルな吸着力や八方に枝分かれする足の形状になぞらえて蛸を供えたり食べたりするのであるから、イギリスの人類学者フレイザー(一八五四—一九四一)がかつて提示した類感呪術(homeopathic magic)、感染呪術(contagious magic)にあてはまる。前者は類似は類似を生む、結果は原因に似るとする類感ないし模倣の原理に立つ呪術であり、後者は物理的に一度接触したものは遠く離れてしまってからも互いに働きかけるという接触ないし感染の法則に立つ呪術である（J・G・フレイザー『金枝篇』第一巻）。つまり蛸の形状や習性にあやかって稲の良き稔りをさんばい様に祈るとみる考えである。

3◉「食べる国」と「食べない国」

一

香港の港にはウミカモメがいない、ヒトが何でもムダなく食べてしまって、海に投げ捨てるものがないからである、というシニカル・ジョークがある。逆に海外渡航が自由化(一九六四年)された当初、香港にやってくる日本人の中に、「大根、人参のシッポまで使う料理はね」と、すげなく中国料理を袖にする民族派がいなかったわけではない。食材の選択だけでなく、調理の方法や食器、テーブル・マナーまでを含め、食事には国、地方、民族ごとに、深く根づいた固有の文化があるのである。

日本人は頭抜《ずぬ》けたタコ好きであって、世界全体のタコ漁獲量の六二%近くを胃袋に入れているそうだ。またギリシャ、イタリア、スペイン、ポルトガルが、タコを食材として盛んに愛することはよく知られている。国内だけでなく、南北アメリカ大陸の移住先にまで、彼らは食用のタコを持ち込んでいる。反対にイギリスやドイツ、ロシアでは食べない。またアフリカ北西岸のモーリタニアのように、目の前に世界最大のタコ漁場が広がっていても、自らはタコを食する習慣がなく、もっぱら日本市場へ大量輸出するところもあるのである。

地球の海はタコの海、タコは世界中のどこの海にでも君臨している。それにもかかわらずタコを食べる国と食べない国とがあることになる。そこで、タコという身近な素材を使って、先天的、遺伝的に同じ特質をもつはずの人類が、長い歴史の過程において、遠い先のことになるが、なぜ集団ごとに多様な文化を所有するようになったのか、その道筋を謎解きする期待がもてないわけでもないのである。

日本から広がる太平洋では、ミクロネシアとポリネシアの人たちがタコ好きであって、日本の漁村同様、傘膜を広げて干ダコをつくる風習が見られる。ところが日本人より食材を幅広く選択する中国人が、タコを「食べない」のである。ロンドンやモスクワならいざ知らず、何でも食してしまうことで定評のある中国人がタコを「食さない」とは、にわかに信じがたい話である。

二

中国ではタコを「蛸」と書く。虫偏がつくように、この漢字はもともとはクモ(蜘蛛)あるいはカマキリの卵(螵蛸)を表した。タコが、四対の肢《てあし》を頭胸部にもつクモに似るところから、タコと読ませたのだという。しかしタコは昆虫ではないので「海蛸」としたり、あるいは苦心の結果、偏の方を魚に変えて「鮹」としたりするが、鮹という淡水魚があって紛らわしいことになる。それでかどうか私には分からないが、「鱆」とか「章挙」という字もある。後者は腕のついた頭と、胴を上に挙げたタコの形態からきている。

八腕の姿を写した「八爪魚《はっそうぎょ》」、「八脚魚」、「八帯魚」といういい方もある。広東語は一般にこの八爪魚である。また明州(寧波)では、イイダコのような小さなタコを「望潮」といった。さらに、岩穴に吸着して捕獲されるのを拒むところから「石拒」といったり、脚を放射状に地につけたという意味で「射踏子」と称するところもあった。

食すことについてはどうであろうか。張震東・楊金森編著『中国海洋漁業簡史』に、次のように書かれている。福建省北部の莆田市では海産物中でタコを珍重しており、形こそよくないがイカと同じように美味であるとか、広東と福建両省ではタコを生姜酢《しょうがず》で食すなどの記事が歴史文献に見られる、と。中国でタコを食用にすることは紛うことなき事実なのである。さはさりながら、中国をタコを食べる国に仲間入りさせることには、ためらいを感ずる。タコを食べるのは、歴史的に浙江、福建、広東三省、いわゆる南東沿海地方限りのことであって、それを中国全土にまで普遍化させることはできないからである。

この点が同じ頭足綱二鰓《にさい》類の軟体動物でありながら、イカと大きく違うところである。イカは大量漁獲された上、生鮮品として食用にされるだけでなく、スルメに加工されて広く奥地にまで販売されていく。輸入されるスルメも大量である。大変なイカ好きなのであるが、タコの方は広範な市場がなく、沿海で少量を消費するだけなのである。タコを食べない国に入れては事実に反するし、さりとてタコを食べる国に分類するほどには食べていないのが中国なのである。初めに「食べない」とか「食さない」と、カッコつきで書いたのはこのためである。

三

表 2-1　香港におけるタコ・イカの水揚げ高・輸出入量と地場消費量

（乾物は加工前の重量による．1967–68 年平均，単位トン）

	地場生産	輸　入	輸　出	地場消費
タコ	生鮮品 200	干ダコ 300	地場干ダコ 80	生鮮品 40 干ダコ 380
イカ	3,800 (鱿魚 2,700 墨魚 1,100)	スルメ 10,900 缶　詰 500 冷　凍 300	スルメ再輸出 4,400 スルメ輸出 160	輸入スルメ 6,500 地場スルメ 545 生鮮鱿魚 2,160 生鮮墨魚 935 缶　詰 500 冷　凍 300

（出所）G. L. Voss and G. Williamson, *Cephalopods of Hong Kong*, Hong Kong: Government Press, 1971, pp. 126–128.

ところで前掲、奥谷喬司・神崎宣武編著『タコは、なぜ元気なのか』の中で畑中寛氏は、中国とインドをタコを食べない国に分類している。ただし条件がついている。香港では市場でタコが普通に売られているし、インド南部ではタコ漁をしていると書いてある本もあるとして、「少なくとも両国の沿岸地方の人は食べているのではなかろうか」と発言している。

畑中氏は前述したモーリタニアを含め、アフリカのマダコ研究、あるいは水産資源調査の専門家である。だから中国をタコを食べない国とするナチュラリストの英断は心強い限りなのであるが、香港の市場で普通に売られているという箇所が、日本の市場並みに売られていると理解されては、(私の説にとって)都合が悪い。そこで香港のタコ食について、若干注記しておかなければならない。

表2-1は一九六七—六八年の平均タコ・イカ統計である。香港本来の食事文化をみようということから、NIES(新興工業経済地域)化へテイク・オフする直前の時期を選んである。この表に示されるように、タコの年間水揚げ高は香港で

は二〇〇トンにすぎない。広東語圏の香港では、タコを総称して八本脚の魚、すなわち「八爪魚(パッジャユイ)」というが、漁業者はタコの種類に応じて「沙鳥(シャリュウ)」、「泥婆(ライポー)」、「四眼鳥(セガンリュウ)」、「水鬼(スイガイ)」、「石八爪魚(セッパッジャユイ)」などと区別する。水揚げされた二〇〇トンは底曳き網漁業によるものであり、沙鳥(*Octopus aegina* Gray)と泥婆(*Octopus indicus* Orbigny)が主体である。

二〇〇トンのうち生鮮品として地場消費されるのが四〇トン、残りの一六〇トンが干ダコにまわる。これを四日間天日《てんぴ》にさらすと重さが四分の一になるので、干ダコ四〇トンに仕上がる。この半分がアメリカとカナダに輸出され、残り半分が香港で食用にされる。このほか、中国から輸入される干ダコがある。表ではすべて加工前の生鮮品の目方で示されるから、三〇〇を四で除した七五トンが干ダコの実際の輸入量となる。つまり生鮮品四〇トン、干ダコ九五トンというのが香港の年間消費量だったことになる。

タコの消費量がいかにつつましやかであるかは、イカのばあいと比較するとよく分かる。まずヤリイカ(鱿魚)、コウイカ(墨魚)併せて三八〇〇トン、タコの一九倍も水揚げ高がある。また輸入のうち中国から冷凍品で入ってくるのは延縄漁業の魚餌《えさ》になるので、スルメと缶詰が食用となる分である。スルメは中国、北朝鮮、韓国、日本から合計一万九〇〇〇トンが輸入されるが、四で除した二七二五トンがスルメとしての重量である。このうち一一〇〇トンと地場生産のスルメ四〇トンとが東南アジアに再輸出、輸出される。そして残り一六二五トンに地場スルメ一三六トン余(生鮮品で五四五トン)を足した一七六一トン余が、香港で消費されるスルメの量ということになる。

スルメ一七六一トン、生鮮品三〇九五トン、それに中国と日本製イカ缶詰五〇〇トンというのが香港におけるこの時のイカ消費量であり、スルメは干ダコの一八・八倍、生鮮イカは生鮮タコの七七倍以上も食べられているのである。ちなみに一九六七年当時の香港の人口は三百八十八万人余で、その九八%以上が中国人であった。この状況はそのまま沿海三省にあてはめてみてもよいのではないか。大量漁獲、そしてスルメの販路が内陸深くまで広がるイカ好きの国であっても、タコについては、少量が沿海でしか食されていない、と。

四

タコ壺を使ってタコを捕獲することは、香港では広東省東部の汕頭から伝わってきた後来の漁業である。そのためであろうか、タコ壺漁業者はタコを「了」、タコ壺を「了煲」と、広東語らしからぬ呼び方をする。

中国の南東沿海地方、浙江、福建、広東省方面でタコを食用にしたことは、福県《ママ》省莆田市では海産物中で蛸を最も重んずるとか、福建・広東では蛸を生姜酢で食べるとする記述が史書に見られることから疑う余地がない（張震東・楊金森、前掲『中国海洋漁業簡史』）。それにもかかわらず、中国の南東沿海地方をタコ食の文化圏とすることはためらわれるのである。

雑誌『中外画報』（中英文版、一九六一年一月）に「捕鱆者譚」という、香港九龍湾のタコ漁業を紹介した一文がある。それによると、タコを「了」といい、四月から八月の間、「了煲」と呼ぶ黒色の陶壺を使用して漁獲し、干ダコにして市場へ出すとある。香港万里書店有限公司・東方書店編『広東語基本単語3000』(東方書店、一九八六年)を見ると、タコの異称「八爪魚」が見られるが、この「了」は見られない。グラビアで見る限り、明州(寧波)方言で「望潮」といったイイダコのように小さなタコである。また香港の蛸壺漁は広東省東部の汕頭から伝わってきたものであり、当初は巻貝(柳紋螺)の空き殻、ガラス瓶、鉄の缶を利用していたが、縄で縛りにくいところから、一九三〇年前後から陶壺に替えたという。しかし、これもグラビアで見る限り、頸部にくびれのある市販「冬菜」(調理用の白菜にんにく漬け)の空き壺を利用しているように思われる。

この記事で見るように香港付近におけるタコ壺漁は後来の漁業であるが、それは香港付近が新開の地域であることによるのではなく、もともと広東人の食生活に蛸が深く定着していなかったことによるとみられる。一八八五年に同地で発生した食中毒事件がそのことを示唆している(奥田乙治郎『明治初年に於ける香港日本人』一八三頁、傍線は筆者による)。

> 明治十八年に入って今迄輸入された事のない小章魚の干物が或る支那《(ママ)》商に依って輸入せられた。元来支那人は章魚は喰べない筈であるが一部支那人がこの「いかもの」を輸入して「いかもの」好の広東人の嗜好に訴えんとしたのである。
>
> 処がこれは案外広東人の嗜好に合い相当好評を受けていたが、この干章魚を喰ったと称する支那人の中毒者が出たという記事が六月三十日の香港各英漢字新聞に掲載せられた。政庁衛生局の検査では蛸の干物から中毒を起こす毒素は検出されなかった。また五月十一日から六

月二十日にかけて、横浜華僑の忠和秦、東同秦、永世和が干蛸合計三千八百斤を香港へ輸出したこともつきとめられたが、問題となった干蛸の荷出元を特定することはできなかった。中毒の原因が不明であったにもかかわらず、この事件によって、香港では日本産干蛸には毒があるといって食べなくなったという。

このことがなければ、「今頃でも広東料理中には日本から来た章魚料理が出て居たかも知れない」と同書は結んでいる。

この記事が示唆するように、広東人本来の食文化においてタコを食用にすることは一般的でなかったし、また現在でもそうであるとみてよい。ゴキブリそっくりのゲンゴロウ（龍蝨《ロンサン》）にいたるまで、何でも食べてしまう関東料理であるが、そのレセピイに蛸は見られないように思われる。香港に隣接する深圳経済特区で、タコ入りの「海鮮咖喱」を食べたという情報もある。タコとイカをどう区別したのかは別として、そもそもカレーを広東料理の調味に使うのは東南アジア華僑の影響によるのであるから、後来の新式ということも考えられる。そのほか、広州の市場で撮影したという干蛸の写真を資料として私自身いただいたことがある。それらも事実であれば、釣人が鉤《かぎ》にかかってきたタコをポイと捨ててしまうのも事実なのである。

福建地方も事情は同じようであって、海岸地方の一部でタコを食用にしたり、足と足との間の傘膜を広げた干ダコの風景が見られることは否定できない（瀬川芳則『イモと蛸とコメの文化』）。と同時に、この地方の食事文化で蛸の利用が普及せず、一部限りでの食用にとどまっていることも争う余地がないのである。

周達生は、福建省でタコを食べるが、奥地に入ると、干物が入ることがあるにしてもほとんどタコを食用にしないことにふれ、中国大陸でタコの食用が局地に限られるのは、イカのように大量に漁獲された上、鯣《するめ》として広く販売されることがないことによると考えている(周達生『東アジアの食文化探検』)。市場性のないことが、生息数量が少ないことによるのか、漁獲すること自体が盛んでないことによるのかは不明だが、来日する中国人で茹でダコとイカを区別することのできない人が珍しくないといった現象を生むのであろう。香港のタコ食が新しいことは、中国の沿海地方といえども普遍的にタコを食していたわけではなく、空白地帯があったことを示唆する事例ではなかろうか。

さて、以上のタコ談義から問題がどう展開するのかについて記述を移すとしよう。

仮説として立てられる第一は、中国の沿海がタコに合わない自然環境であるとか天敵が多いとかで、生息数量が少ないという資源論的な理解である。ヨーロッパのばあいであるが、タコ博士の井上喜平治氏は、イギリスやフランスで一般にタコを食する習慣がないのは生息数量の関係からである。その証拠に北部ノルマンディーのフランス人はタコを食さないが、地中海沿いではいくらか食する、と前掲『蛸の国』で発言している。

第二の仮説は文化論である。ジョニー・アップルシードの話は日本の桃太郎民話のような存在で、アメリカの子どもの七〇%が知っているという。このことをはじめとして、欧米人はリンゴと健康の関係について信仰に近い何かを無意識にもっているように私には思えてならない。これに対して、タコの背後に食物以上の何かを無意識のうちに見ているのが日本人ではあるまいか。ロジェ・カイヨワがタコを使って「想像の世界の論理」と彼が呼ぶものの様態を解きあかしてみせる時(前掲『蛸』)、ヨーロッパを遠く離れた日本で丹念にタコに関する資料を集めたのは、そのことを見破っていたからにちがいない。そこで、中国大陸のばあい、中原を舞台に形成されてきた漢民族に同化されてしまう以前に、中国南部の沿海地方に先住していた民族に、タコ食文化の存在を仮想してみることである。

どちらを取るか無理に決める必要はないし、第三、第四の新しい仮説を立てることも自由である。私自身も仮説以後について答案の用意はない。ただアジア諸民族の文化というと次元の高い文学、美術、建築、思想などを思い浮かべるむきも多いことであろうが、実はごくごくありふれた日常生活の中にでさえ、研究素材がいくらでもある。このことだけは確かなので、その一例として敬愛なるタコに登場してもらったわけである。

4◉「引張り蛸」になれない蛸

鳥類でいえばウ、軟体動物でいえばタコなど、世界中どこでも棲息する普遍種でありながら、特定の人間集団とだけ飼育関係に入ったり、食材となる動物がいる。この結合関係を一歩ずつ解明していくことは、遠い将来のことになろうが、先天的、遺伝的に同じ特質をもつはずの人類が、長い歴史の過程においてなぜ集団ごとに多様な生活様式――文化を作り出すようになったのか、その謎を解くことにつながると思われる。

さしあたり、タコのばあい、これを食する食さないの差異は、タコの棲息数量にかかわる資源的な側面と、文化的背景に根づく民族的な側面との双方が予想されるが(本書前節「「食べる国」と「食べない国」」参照)、現在は論議を導く資料の集積を何よりも最優先させるべき段階にある。幸い、日本の国土はタコの隠喩(メタファー)であふれており、日本人の集合的な自己概念をうかがうのに十分な研究素材を内蔵する。高松特有のタコ加工食品の例も、日本人の暮らしにタコが深く根を下ろした様相をうかがわせるものがある。

中部日本以西には各種野菜のほか、松茸、車海老などを形のまま押し絵のように焼きこんだ小麦粉、馬鈴薯澱粉使用のせんべいを見ることができる。瀬戸内海に面した香川県高松市には、小麦粉を種汁で溶いて小判形に整え、小魚とか小エビ、海藻を姿のまま焼きこんだせんべいがある。これを魚せんべいと総称し、元来は子ども相手の駄菓子であったが、磯の野趣が自然派に好まれ、現在では百貨店でも販売されるようになっている。魚せんべいの中には小ダコを一匹まるごと焼きこんだものが見られる。図2–13に示した味海屋の魚せんべいは、タコが一五・五×一二センチある。

日本では都道府県ごとに「県花」、「県木」、「県鳥」が制定されている。もちろん「県魚」もある。魚といってもこのばあい貝や軟体動物など広く水産物一般を対象にしている。産出量が多いとか特産品として住民に親しまれているものが選ばれる。また県魚とは別に「四季の魚」を制定している県もある。ただし北海道・神奈川県・兵庫県は海に面していながら県魚を制定していない。

春ないし夏の魚としてイカを制定する県はあるのだが(石川・静岡・京都・福岡・鹿児島の五府県)、蛸は鹿児島県がマダコを夏の季節魚に制定しているのが唯一の例である。蛸が特産物であっても、カキ(広島県)、フグ(山口県)、ハマチ(香川県)、マダイ(愛媛県)が獲れるところではタイトルがそちらの方へ行ってしまい、「引張り蛸」にならないのである。晴れがましくない身上がいかにも蛸らしい、とでもしておくか。

図 2–13　高松の魚せんべい．

Ⅲ　蛸信仰と日本人

1◉日本人特有の隠喩

信仰の中の蛸

身近な動植物をシンボルに使って、日本の文化、歴史、儀礼の相互関係を抽出する試みの中で、蛸は隠喩を豊富に取り寄せるものの一つだと思われる。蛸の八本足(腕)から、見るものを石に化してしまうメドゥサの蛇の頭髪をイメージし、蛸を気味悪がって悪魔の魚と嫌うのはアングロ・サクソンである。江戸時代の日本人も蛇が蛸に化すというメタモルフォーゼを本気で信じる地方があったようであるし(鈴木晋一『たべもの史話』)、大蛸の恐怖をおののき伝える話が各地にあったのも確かなところである。しかし、総じて日本では蛸にまつわる負のイメージはひどく強調されず、日本人の暮らしや思考の中で、蛸は人に頗る好意的な生物であったとみてよい。

蛸のメタファーをある程度まで集約するのは、各地の蛸薬師である。洛中の蛸薬師堂(京都市中京区の妙心寺境内)は、十八世紀中頃には、蛸の食用を断ち、あるいは蛸の絵馬をあげて祈願すると、いぼ・あざの類が癒ゆるとして信仰されたことが明らかである(井上喜平治、前掲『蛸の国』)。寺で配る「京蛸薬師の由来」というパンフレットを見ると、御堂に供えてある小石を貰いうけて持ち帰り、いぼをこする。平癒すると、御礼に同じ大きさの石を蛸薬師堂に奉納する。また、耳の遠い悩みをかつ人も、同じようにして穴のあいた小石で平癒を祈願した。さらに女性の頭髪を美しくする霊験《れいげん》もあり、信仰者につげの櫛を授けたこと、甘茶〈おこうずい〉を常備しておき、これを信仰者の病むところにつけたり、飲んだりしたこと、あるいは祈願成就の御礼に蛸を拝む婦人の絵馬を、安産の御礼に子どもの頭巾を各々奉納することが太平洋戦争期まで行われたことなどが書かれている。祈願に際して自らの頭髪を切って奉納する女性もあったという。現在でも絵馬を奉納する風習は続いているが、現代絵馬には受験や恋愛に至るまで、人事百般の祈願が託されている。しかし、本来からいえば、いぼと難聴治癒の〈おなで石〉、安産、治病の秘法〈おこうずい〉、さらには美しい頭髪を祈願する信仰であったことが分かる。大正から昭和初めにかけて京都の風俗を丹念に採訪した井上頼寿氏によると、毛髪が薄かったり、縮れ毛の女性が蛸薬師に願をかけたのは、蛸には頭の毛がないので、蛸薬師様がそうした女性に同情してくれるからだという（井上頼寿『改訂　京都民俗志』）。

また東京は目黒不動尊の近くにあって、江戸時代に相当流行った目黒の蛸薬師如来（成就院、下目黒）は疫病除けとして信仰されたが、ここにも〈おなで石〉の秘法があり、蛸を断って祈ると、いぼ・できものが立ち所に治癒するといわれた。ただし、『目黒区史』には蛸を祈願者に食べさせ、蛸の絵馬をあげさせる、と断食とは逆に食用にすることが記述されている（東京都立大学学術研究会編『目黒区史』）。薬師仏は病苦を救い、厄難を消滅する如来であるが、大都市のよく知られた薬師堂以外にも、疫病除け、いぼ・できもの治癒、禿頭《とくとう》・薄毛の解消に信仰された薬師堂があったに違いない。井上喜平治氏の著書に写真が見られる（井上喜平治、前掲書）、蛸絵馬を奉納した神戸の薬師堂のように、小さな御堂であるがために知られていないだけのことなのである。

地蔵菩薩にも蛸にかかわる信仰が付随していることがある。井上頼寿氏は京都の蛸地蔵尊を二例、記録している（井上頼寿、前掲書）。いずれも民家に祀られていて、人が咳止めを願ったものである。一つは上京区千本通竹屋町のそれで、願をかける間は蛸を断って、本来は咳止めのみを願ったのであるが、昭和の初めには子どもの病気、その他種々の病気治癒を祈るようになった。他の一つは南区八条大宮の民家二階にあったものであり、風邪が流行すると、〈卍咳止蛸地蔵尊〉と記した赤提灯を軒下にかける風習があったという。

さらに岸和田の蛸地蔵尊（護持山天性寺）は、寺の近くに南海電鉄がその名も蛸地蔵という駅を開発したほど厚い信仰を集めた一時期があった。享保五（一七二〇）年の常夜灯と、〈たこちそう〉を刻んだ宝暦十一（一七六一）年の道標が入口に立つ石畳の奥に伽藍がある。現在でも、安産、子の無事成長、無病息災を願って、蛸の絵馬をあげる人がいる。蛸薬師、蛸地蔵のこうした諸例は、薬師如来や地蔵尊のありがたい御利益にあやかる信仰というよりは、もともとあった土俗的な蛸信仰が仏教信仰の外形をとっているのだとみた方がよい。

魚の有する属性（形態、生理、習性、色、模様、匂いなど）によって、それを食用にする人間が影響を受けるとする食物禁忌を整理し、それを分析することで背後にある自然や宇宙観、社会秩序の仕組みを見出そうとする魚類民俗学の世界を、ミクロネシアのサタワル島で実地に見せてくれたのは秋道智彌氏である（秋道智彌「〝悪い魚〟と〝良い魚〟」）。秋道氏によると、できものや皮膚病を病むものは、蛸の吸盤に影響されるのを避けて、病気中は蛸を断つ禁忌がある。また、骨がなく、ぐにゃぐにゃとした体形と、岩穴にひそんでいて捕獲することが難しい習性から、妊娠中の女性に蛸の食用が禁忌となっているとしている。その他、皮膚の色が変じている病人、あるいは鼻血を出している者も蛸の食用が禁忌とされる反面、蛸が海底を這うことから、子がそれに同化して、はいはいすることを願う子育て儀礼に蛸が使われるとしている。

日本でも、いぼ・あざ・腫物《はれもの》に蛸薬師や蛸地蔵が霊験あらたかとされるのは、蛸の吸盤で吸い出してくれるからという連想からであろうし、タコを断って薬師如来に祈ると眼病平癒によいというのは、目が目立つ蛸の外観によるのであろう。美しく豊かな頭髪を祈ることや安産祈願についても、蛸の属性を考えると理解できないわけではない。しかし咳止めから疫病一般、さらに子育て、家内安全、商売繁盛にまで実際には信仰対象が拡大している、商売繁盛のことは、堺の大浜公園野球場で、毎年八月一日の住吉大社「神輿渡御」前夜から開かれる大魚夜市を〈たこ市〉と呼んで、縁起をかつぐことにもその一端が表れている。さらに大分県佐賀関の早吸日女神社には、船に弱い船子が参詣して一年間蛸を断つ願をかけると、船酔いしなくなるとされ、祈願が成就すると、絵馬堂に蛸の絵馬を奉納するという信仰まであるのである(井上喜平治、前掲書)。蛸と「多幸」のホモフォンからくる招福期待以上のメタファーを背景にすえてみないと理解できない。

蛸という鏡に映された、日本人の集合的な自己概念をにわかに取り出すことは筆者にとって難事であるが、一つ明らかなことは、蛸が人間と超自然との媒体であると考えられていたのではないか、ということである。

京都の咳止地蔵尊で祀った蛸が七本足であったかどうか井上頼寿氏は書いていないが、大阪府下には、百日咳除けの呪《まじな》いに、竈の上に七本足の蛸の絵を貼り、平癒すれば足を一本描き足してから、川に流す習慣があったという。また、平戸島の雄香寺は七本足の蛸を祀っており、岩手県九戸《くのへ》郡宇部村（現・久慈市宇部町）で漁民の守り神となっている〈タコ神〉は、草刈り女に足を一本切られた七本足の蛸であって、信仰する人は蛸を食べないのだという（矢野、前掲書）。異形の七本蛸にまつわる信仰、民話はほかにも少なからず見つかるに違いない。だが異形でなくとも、蛸は信仰の対象であったのである。

疫病除けに関連した蛸の信仰を物語る年中行事を東西各一例あげてみる。洛東の真如堂（京都市左京区、真正極楽寺）は、京洛六阿弥陀巡りの第一番になっている。ここで旧暦十月六日から十五日まで十昼夜にわたり行われる浄土宗の法要を〈十夜念仏〉とか〈十夜法要〉、〈お十夜〉という。平貞国が永享中（一四二九―四〇）参籠して夢想をこうむったことに始まるという古い行事であるが、明治中期まで、お十夜に疫病除けの〈十夜蛸〉を門前で売った。真如堂以外でも、本圀《ほんこく》寺と誓願寺において、十夜蛸を売ったという（井上頼寿、前掲書）。真如堂では、現在、十一月のお十夜の結願当日に、中風封じ〈たれこ止め〉の粥を接待するのに併せて、婦人会が境内の模擬店でみたらし団子、甘酒、十夜蛸のおでん等を売る形で受け継がれている。

関東では、千葉県九十九里浜東部の飯岡町（現・旭市）に〈辻切り〉という二月の行事が残っていて、蛸の信仰を認めることができる。町内の村落によって日は異なるが、新藁《わら》を当番の家に持ちより、藁で蛸と骰子《さいころ》をつくる。骰子は藁苞《つと》を半紙でくるみ、表に骰子の目の絵を描いたものである。それを辻近くに掛け、悪病や悪習が村落に入ってくるのを防ぐ呪いとするのである。鎌田忠治氏によると、新藁で作った注連縄《しめなわ》を道路に張り渡し、蛸、骰子の他に徳利・杯・手桶などを吊すのが本来の形であるという（鎌田忠治『九十九里東部の民俗伝承』）。また、大正年代までは多くの村落でこの風習が行われていたが、一九八四年の時点では、平松岡（二月七日）、南町（二月十一日）、三川浜（二月一日）の三か所に残ると記している。骰子は賭博の戒め、あるいは人生の苦楽の教えであり、徳利・杯は飲酒の戒め、また手桶は防火の用心もしくは水を大切にするさとしであると説明されるが、蛸の方は幸福を吸い取る寓意であるとか、八方から諸々の悪が侵入してくるのを遮る、或いは仏教の八正道《はっしょうどう》にちなむなど、さまざまにいわれているようである。匝瑳《そうさ》郡や山武《さんぶ》郡方面にも同じ風習があると聞いているが、確認していない。

村境に立ちはだかって、災厄が村に侵入しないよう見張ってくれるのは道祖神である。道祖神は藁・木・石など身近にある材料を用いて作る。すこぶる造形的な人形道祖神から、丸木の端を削って顔を描いただけの素朴なものまである。賽の神とか道陸神、鍾馗様と呼ばれる。飯岡の辻切りは道祖神と同じ役割を担っているが、神像の形をとっていない。佐渡の小正月に木で作ったイカやサンマを吊す恵比寿棚に外形は類似する。それはともかくとして、辻切りの蛸は、八正道を持ちだすまでもなく、悪疫予防、治病、招福祈願という蛸信仰の一環とみて誤りないに違いない。これだけあげてみても、日本人と蛸の間柄は、ただヒトと食物の関係だけでない。蛸と多幸の音通にもとづく縁起かつぎ以上のものが潜んでいることは争う余地のないところである。

これについて回答をあたえる糸口の一つとして、蛸が海中に沈んだ仏像を抱いて上がってきたとする伝承が注目される。岸和田の蛸地蔵には、本堂に昭和史の一端をのぞかせてくれる一九四二年、岸和田白水社奉納の〈興亜聖戦完遂祈願〉の絵馬とならんで、一八七三（明治六）年奉納の絵馬があがっていて、蛸に地蔵菩薩が乗り移った絵馬が示されている。また境内に、門前の石伊石材五代目、石野米計氏が一九七七（昭和五二）年七月に建立した蛸地蔵の縁起碑があるほか、縁起と数々の霊験譚を記した絵巻物が寺に所蔵されている。要は、戦国時代に海中に捨てられた地蔵像を蛸があげてきた縁起と、蛸の数々の霊験が信仰のもとになっているのである（井上喜平治、前掲書）。

また三河湾の入口に浮かぶ日間賀島《ひまか》（愛知県南知多町）字里中の安楽寺に御本尊として祀られている阿弥陀様は、昔佐久島との間にあった小島の竹林寺に祀られていたと信じられているものである。地震、大津波でその島が流され、海中に沈んでいた仏像が、蛸が吸いついたままの蛸壺から出てきたという縁起が伝わっている。この阿弥陀様に、旧暦正月元日、干蛸を七切れ、五切れ、三切れ供えるならわしが〈蛸祭り〉である。

蛸祭りは昔は安楽寺で行われたが、戦後に東部の氏神日間賀神社（元八王子社）で行われるようになった。西部の八幡社でも蛸祭りが元日に行われ、ここでも干蛸を供えるが、本番の蛸祭りは東部のそれである。祭祀を担う頭人《とうにん》は三年制であり、一年目の新頭人（次年の見習い）、二年目の中番（その年の祭祀中心となる）、三年目の古頭人（指導役）各二人（一の頭、二の頭）、計六人からなる。これに神官一人を加え〈七人衆〉と称する。頭人の経験者を〈座衆〉という。毎年十一月朔日に神社脇の御張屋において、希望者から二人を神くじで選ぶ。頭人には、漁業の盛衰を一身に引き受けるところから、厳しい物忌みの生活が課せられた（瀬川清子『日間賀島民俗誌』、堀田吉雄『海の神信仰の研究』下、矢野、前掲書ならびに井上喜平治、前掲書など参照）。

目黒蛸薬師本尊の胎内秘仏である薬師の小像についても、九世紀に慈覚大師が唐から帰国する時、荒れる海を鎮めるため一度は海中に投じたのであるが、後年大師が諸国を巡礼した際、肥前松浦でこの薬師小像が蛸に乗って上がってきたという所伝がある（井上喜平治、前掲書）。

また愛媛県東宇和郡明浜町の狩浜では、氏神春日神社の御神体を海路で迎える途中、暴風雨で海底に沈めてしまった。それを蛸が拾ってきたので、狩浜ではそれ以来、蛸を食べないしきたりになったという。さらに同様の伝承が、西宇和郡三崎町正野の野崎権現にも伝わっており、海士は蛸を口にしないという（矢野、前掲書）。

海底に沈んだ仏像あるいは御神体を蛸が上げてくるという一連の伝承は、蛸が人間と超自然的存在の中間にあって、超自然的存在を媒介し、人間に幸いをもたらす存在として意識されていたことを最も端的に示すのではなかろうか。フリースは英詩を素材とした蛸の象徴性を、

（1）クモの巣や螺旋状のものと関連をもち、神秘の中心、創造の展開を示す。

（2）怪物とみなされ、龍や鯨と共通する象徴的意味をもつ。

（3）環境に応じて色を変え、釣餌を巧妙に盗む。

（4）子宮内の子ども、（頭蓋の中で）成長するさまを表す。

としているが（アト・ド・フリース『イメージ・シンボル事典』）、日本人には日本人特有のメタファーが蛸にあったものと思われるのである。その重要な一つとして、さらに農業に関連したメタファーが蛸に指摘されている。

蛸と稲作農業

蛸を漁獲するには、蛸壺を用いる陥穽漁のほかに、網漁、刺突漁、見突き漁、潜水漁などがあり、また陥穽漁にしても土製の蛸壺を用いるもの、貝殻利用の蛸壺、その他代用品、廃物利用の蛸壺を用いるものなどに分類することができる。このうち、考古学上の遺物として蛸漁業の存在を最も確実に証明するのは、土製の蛸壺であり、既に弥生時代の段階から蛸壺漁の存在が知られている。現在蛸壺を用いる漁には、大きなマダコを対象にするものと、小さなイイダコを対象にするものとがあるが、遺跡で早くから出土することが確認されているのは、口縁近くに小さな孔をあけた平底、丸底のコップ状の飯蛸壺形土器である。また古墳時代になると鐸形ないし釣鐘形の飯蛸壺が工夫され、奈良時代へと受け継がれるのであるが、平安時代以降になると激減することも指摘されている（森浩一「飯蛸壺形土器と須恵器生産の問題」、同「漁業」、同「弥生・古墳時代の漁撈・製塩具副葬の意味」、秋道智彌「海・川・湖の資源の利用方法」、中川渉「瀬戸内のイイダコ壺とマダコ壺」、真野修「原始・古代の飯蛸壺縄漁の検討」など参照）。

瀬戸内海から伊勢湾にかけて、遺跡によって大量に出土したり、海底から拾い上げられる土製飯蛸壺について、普通いうところの食料確保のための漁業とは別の意味を読み取ろうとする試みがある。倉田亨が農耕文化の支配的な社会で、〈海の飯《いい》〉を獲るためであったのではないかと推定するのは、その代表的な考え方である（倉田亨「水産物」）。春になるとイイダコの胴に飯粒と寸分たがわぬ卵粒がいっぱいつまること、ならびに食料としてはイイダコより数倍も大きいマダコを獲る大きな蛸壺が見当たらず、小さなイイダコを獲る蛸壺をことさら大量に製造していることを論拠にして、飯蛸壺漁を、当時なお貴重であった道具を使い、それを使うに値するきわめて貴重、最高の食物であった〈ご飯〉を海から獲る方法ではなかったか、と考えるのである。

マダコを漁獲するための蛸壺らしい遺物がわずかしか知られていないことについて、間壁忠彦はマダコの蛸壺漁があまり盛んでなかったのか、あるいは休漁期における蛸壺の保管場所が居住地から離れていたようなことがあって、普通の遺跡調査では発見しにくいという問題もあるとしている（間壁忠彦「瀬戸内の考古学」）。

また、同じ素焼きの蛸壺であっても、小型の飯蛸壺とちがって、大型のマダコ獲りに用いる蛸壺は海底に横たえておく間に破損する率が高い。その証拠に、蛸壺に縄を巻きつけて補強するほどである。これが手間のかかる仕事であって、冬の明石では、蛸壺漁家は農家から藁を買って家族総がかりで縄をない、蛸壺に巻くのがならわしになっていた（兵庫の食事編集委員会編『日本の食生活全集28　聞き書兵庫の食事』）。岩場でカキこぎをする以外は、こうして夏の蛸壺延縄の準備を冬の間にしたのである。戦後プラスチック製の蛸壺が素焼きにとって代わっていったのも、壊れやすい蛸壺にかける補強の手間を省けるからであった。こう考えてみると、貴重な漁具としての蛸壺は、比較的壊れにくいイイダコ用に限り、マダコは蛸釣り、蛸ひき（網漁）に適した季節のみに漁獲していた。その結果が考古学上ではマダコの漁業を確証させにくくしているのであって、イイダコだけが漁獲されていたわけではない、とも考えられるのである。

将来の検討を待たなければならぬ問題が残されているのであるが、それにもかかわらず、飯蛸壺漁業の隆盛を、稲の豊作を祈願する農耕儀礼とかかわらせる試論に好意的な研究者が少なくないのは、蛸のメタファーに稲作とかかわりあるものを取り出せることが、それを助けているのかもしれない。蛸の足を伸ばした姿が、稲の茎が発育よく分蘖《ぶんげつ》する姿と類似することから、サンバイオロシ（田の神おろし）、サナボリ（田の神送り）、半夏生（夏至から十一日目）などに蛸を食べて豊作を祈願することや（矢野、前掲書、近藤弘「ニッポン魚食列島」大林太良他編『日本人の原風景2　蒼海訪神 うみ』、大洋漁業広報室、前掲書）、イイダコの卵粒が飯粒に代わる、あるいは飯粒に通ずる祭りの材料であったことを思わせる鮨（明石二見）（森、前掲「弥生・古墳時代の漁撈・製塩具副葬の意味」）、さらにはモチゴメと飯蛸の卵粒をまぜた蛸飯（岡山県邑久）の存在である。

平川敬治は、蛸漁に関する限り、日本には環シナ海に特徴的な潜水漁と、太平洋に普遍的な釣漁・刺突漁、それに蛸壺漁の三要素が認められ、そのうち蛸壺延縄漁が日本列島でも九州、四国、本州にしか認められず、これが日本独自の漁法の一つであるとしている（平川敬治「日本における貝製飯蛸壺延縄漁」）。

以上、蛸をめぐり思いつくままの諸相をあげてみた。里芋を食べる蛸のことは江戸時代から蛸絵の画題となり、また明治初年、日本にいた二人のドイツ人技師ネット、ワグナーさらにはB・H・チェンバレも里芋を盗み食う蛸のことにふれているが、イモ栽培と蛸のかかわりなど解明すべき問題も残っている。しかしロジェ・カイヨワのように日本人と蛸の結びつきに興味を寄せた人類学者、哲学者がおり（カイヨワ、前掲書）、また日本はタテ社会であるが、巨大な頭が統轄していて、上から無数のタテ組織の足が支配している〈タコ社会〉であるとする日本論もあるように（C・ダグラス・ラミス『タコ社会の中から』）、蛸という日本人の暮らしの中に溶け込んだ生物が開いてくれるさまざまな知的世界が、日本列島にあることは疑いない。

2◉蛸の「類感呪術」——私説　花巻人形の蛸

蛸を担ぐ童子

花巻市博物館が所蔵する花巻人形中に「蛸担ぎ童子」と題する土人形がある。高さ一七センチ、幅一二センチ、奥行き六・五センチ、明治時代の作で、荒谷英二氏の寄贈品という（花巻市博物館編『花巻人形と東北の土人形』）。花柄の赤い腹掛けを着けたおかっぱ頭の童子が左の片膝を立て、両招きの恰好で鉢巻き蛸を担いでいる（同前）。原色写真で見る限り、蛸の鉢巻きや童子の衣服は退色が著しいが、花巻人形特有の華やかな彩色や花柄をちりばめたつくりが偲べないこともない。蛸のいぼも胡粉《ごふん》で丹念に描いているのが分かる。

同形の土人形は巨泉の写生画中にも残されている。大阪府立中之島図書館所蔵『巨泉玩具帖』六十冊は、大阪の玩具画家、川崎巨泉（一八七七―一九四二）が一九一九（大正八）年から一九三二（昭和七）年にかけて玩具・縁起物・絵馬・御守・雑器の類を彩色写生画にした画帖である。没後、一九三一年から四二年頃までの作品を収めた和装『玩具帖』五十二冊と併せて中之島図書館に寄贈され、人魚洞文庫として今日に至ったものである（https://www.library.pref.osaka.jp/site/oec/ningyodou-index.html 二〇二一年九月二十日アクセス)。

さて、『巨泉玩具帖』四巻七号、一二頁に巨泉が入手して彩色写生画にした「蛸担ぎ童子」が見られる。巨泉がこれに付した原題は「花巻人形　蛸と子供」である。おかっぱ頭の童子が左の片膝を立てて座り、両招きの恰好で蛸を担ぐ姿は花巻市博物館所蔵品の「蛸担ぎ童子」と寸分もたがわない。しかも退色が進んだ市博物館所蔵品では十分うかがうことのできない色遣いや模様を完全に知ることができるのである。すなわち、腹掛は赤地に黄、群青《ぐんじょう》、白を用いて花柄を描いている。これを素肌に直接着けるのではなく、群青色の長袖上衣、紫色の軽衫《かるさん》(袴の一種)とおぼしい袴の上に着けていることが分かる。上衣、袴には黄の線描き模様が見られる。着衣から肌が出ているのは両手首、左裾口に見える足首だけである。また紅色の蛸は黄と緑の鉢巻きをしている。

花巻人形が東北三大土人形の一つであることは改めていうまでもないが、蛸を担ぐ童子は何をモチーフにした人形なのであろうか。東北地方の土人形では、熊に乗るとか犬と遊ぶ童子の人形は男児が健やかに育つ願望を、鯉を抱く人形は男子の出世の祈りを、鯛や亀を担いだり抱く人形は子のめでたい人生への期待をこめたものとされる(阿子島雄二『ふるさとの土人形』)。この伝に従えば、「蛸担ぎ童子」は蛸に係るなにがしかの縁起にちなんだ人形と考えるべきものであろう。

「蛸を抱えたものは、吸い出す、吸いつける、などの暗示から、小児病、婦人病などとの関連が考えられる」とは、阿子島雄二氏の見解である(同前)。しかし一般的にいえば蛸には小児、婦人に限ることなく、広く人間の体内から毒気や膿を取り除く効験、ひいては諸病を癒して身体を健全に維持する呪力が仮託されていたのである。

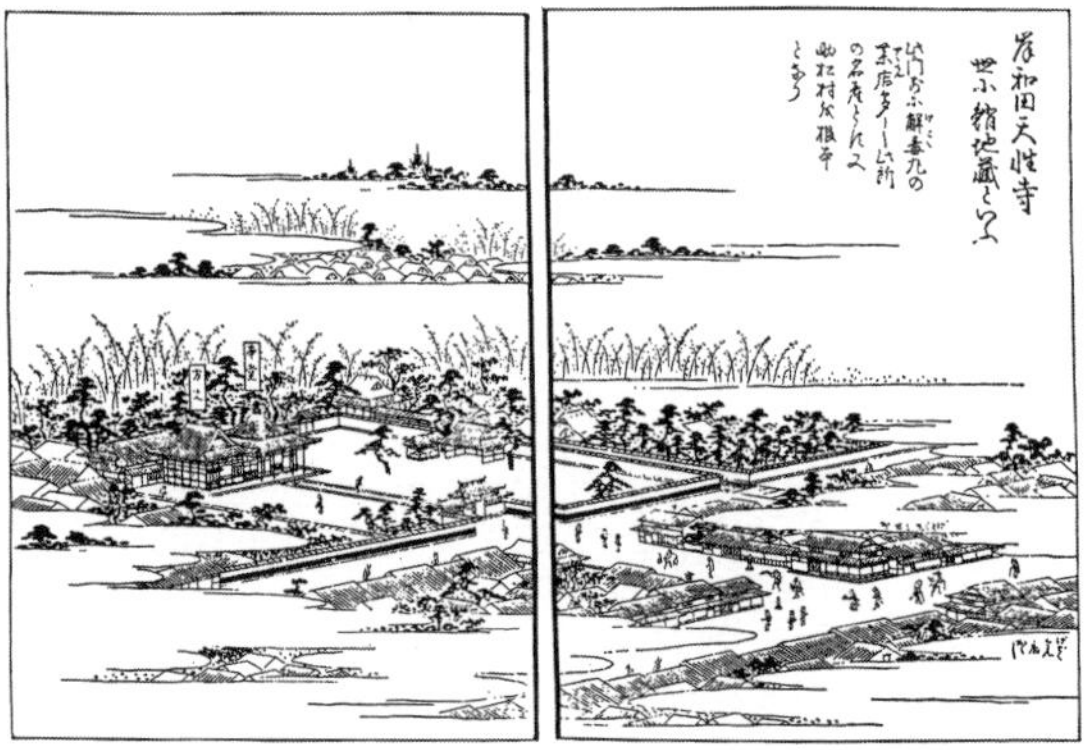

図 3–1　岸和田天性寺，通称蛸地蔵．門前に解毒丸の薬店多し，とある．

「蛸の吸い出し」と名付けられた塗り薬は腫物から膿を吸い出す膏薬であったようであるが、十七世紀末にさかのぼる越中富山の売薬で、食傷・腹痛・中毒の薬「反魂丹《はんごんたん》」、一名「ハライタドクケシ」は、「ふぐたこ印」を商標にして、たとえ河豚《ふぐ》の毒であろうと蛸の吸盤さながら吸い取ってしまう良剤だと喧伝したのである（宮下志朗「「反魂丹」の薬袋」『図書』七三六号）。また寛政八（一七九六）年の『和泉名所図会』巻之三、挿絵「岸和田天性寺《てんしょうじ》世に蛸地蔵といふ」を見ると、挿絵中に「此門前に解毒丸の薬店多し此所の名産とす」とある（永野仁編『日本名所風俗図会』11、所収の『和泉名所図会』による）（図3–1）。お参り客が多いので、のちに南海電鉄が蛸地蔵駅を造ることになるが、かつて門前で解毒丸を売ったという話は反魂丹商法に通底するものを感ずる。

以上の理由から筆者は、当初「蛸担ぎ童子」を蛸の吸盤にあやかって病苦を解除する類感呪術的な祈願に係る土人形ではと漫然と考えていた。しかし川崎巨泉の玩具写生画中に巻物に乗る蛸を象った別の花巻人形を見出すに及び、より具体的な信仰内容に立ち入って解釈できるのではないかと思うようになった。次にそのことを述べて大方の御批判を仰ぐことにする。

経巻に乗る蛸

巻物に乗る蛸の花巻人形の彩色写生画が見られるのは『巨泉玩具帖』四巻三号、二一頁である。この写生画は表面と背画の写生画、都合二枚から成り、付記に「花巻人形 蛸」、高三寸五分(約一・六センチ)とあり、黄と緑の鉢巻きをした赤色の蛸が扇子を広げ持って、花模様をあしらった巻物に乗っている画である。扇面は黄色の地に波模様らしい絵柄がある。蛸の吸盤も白色ではっきり示されている。以上は表面であるが、背面は赤い蛸と巻物の両端の部分以外を白にしており、背面を胡粉を塗ったままにし、彩色を施さない花巻人形の忠実な写生画であることをうかがわせる。大正十三年頃に巨泉が人から贈与された人形とみられる。

花巻人形で蛸を組み合わせた人形は、筆者の知る限り以上二種類である。花巻人形を総合的にまとめた熊谷章一・吉田義昭編『花巻人形』にも類品は見出せない。花巻歴史民俗資料館(現・高村光太郎記念館)の縁起物展示棚に蛸の腕が一部に認められる花巻人形の破損品(現存部高さ二二センチ、幅二五センチ)を見たことがあるが、原形は不明である(残存部を見て想像すると、堺人形「蛸猿」(『おもちゃ画譜』第四集ならびに本書Ⅳ-2「蛸猿の仲」参照)の一部と見られなくもないが、あくまで想像にすぎない)。二種類ということは、千種類とも二千種類ともいわれるほど多様な形が作られた花巻人形で、蛸を組み合わせた人形が人気のある題材ではなかったことを示す。

ところで、巨泉は彩色写生画とは別に雑誌『おもちゃ画譜』を残している。一九三二年九月刊行の第一集から一九三五年十月刊行の第十集に至るまで人魚洞蔵版として刊行された。自己の玩具絵を彫

図3–2　花巻人形の蛸．経巻乗り蛸(右)と蛸担ぎ童子(左)．

師に木版彫刻させ、一点ごとに短い解説を加えたのが内容になっている(川崎巨泉著画『おもちゃ画譜』は、全十集合冊、オフセット印刷による覆刻版が一九七九年、村田書院から刊行されている)。

この第四集(一九三三年九月)四四頁に、彩色写生画にあった花巻人形が二点まとめて単色版画となって示されている(図3–2)。すなわち「花巻人形の蛸」と題して、蛸と子ども、蛸と巻物の取組みがちょっと変わっていると紹介した上、「何れも紅色の蛸に胡粉のイボ、黄の鉢巻、紫、群青などを用い生黄で線がきや模様が描かれている」と解説を加えている。最も貴重な情報は、上の二点が人形師苗代沢《なわしろざわ》氏の作品であると巨泉の解説が伝えていることである。同家は同心の出身で、花巻城下吹張《ふっぱり》小路に居住した。同家で人形製作を始めたのは城下鍛冶町に住んだ人形師太田家から養子入りしてきた儀八(一八六八年没)であり、以来荒次郎(一八四二—一九〇八)、長五郎(一八七五—一九二二)と継承され、富太(一九〇五—六六)の代の昭和初期まで人形を製作し、昭和十年代に廃業したとされる(花巻市博物館編、前掲書)。花巻市博物館所蔵の「蛸担ぎ童子」が明治時代の作とされることは前述した。着色に使用する物質の原料から判定した結果であると推測される。これらを勘案すれば、蛸を組み合わせた花巻人形は荒次郎の代に製作された人形である可能性が最も高いということになる。

蛸薬師霊験譚

さて「蛸担ぎ童子」(巨泉のいう「蛸と子供」)と巻物に乗った蛸の二つをセットとして考えてみると、

即座に思い浮かぶのは京都の妙心寺、通称蛸薬師堂（中京区新京極）の本尊石仏「薬師瑠璃光如来」にまつわる霊験譚（神仏の霊妙な御利益話）である。この石仏の出現について、蛸薬師堂が出している「蛸薬師如来の御縁起」という刷物によると、京都室町に住み、比叡山延暦寺の中心になる根本中堂《こんぽんちゅうどう》の本尊薬師を深く信仰する林秀という富者が夢の御告げにより山中から掘り出した石仏であり、伝教大師《でんぎょうだいし》（最澄）の御作とされる。林秀は小堂を造り、これを永福寺と名付け、件の石仏を本尊として祀った。

図 3–3　お急ぎの方のための蛸薬師案内.

平安末期、養和元（一一八一）年のことという。ただし刀禰勇太郎氏が指摘したように、寺伝とは別に、本尊を蛸屋という町家で見つかった薬師像のついた石臼だとする伝説が江戸中期以降に流布していた（刀禰、前掲書）。永福寺では本尊薬師如来を池中の島に安置したので水上薬師、また沢薬師《たくやくし》と称したのが、のちに誤って蛸薬師というようになったという説（同前）と同じように、海洋生物の蛸とは関係のない伝説である。しかし繁雑にわたるのでこれについては省筆することにし、本稿では寺伝に従っておく。

室町二条下ルにあった天台宗永福寺は一時荒廃したのち、浄土宗円福寺の境内に移転して維持をはかった、あるいは天正十九(一五九一)年、円福寺に合併したと伝える(『日本歴史地名大系27　京都市の地名』、刀禰、前掲書)。さらに天明八(一七八八)年と元治元(一八六四)年の大火で類焼、一八八三(明治十六)年には円福寺を三河国額田郡岩津村へ移し、その村にあった妙心寺を京都へ移すという寺号、寺歴の交換を行っている(前掲『京都市の地名』、佐和隆研他編『京都大事典』)。以来、俗に蛸薬師の名で呼ばれる寺は妙心寺(浄土宗西山深草派)となるのである。以上のように永福寺、円福寺、妙心寺と三度も寺が変わっているが、蛸薬師がそのまま受け継がれてきたのは、蛸薬師が財政上どうしても切り離せない重要な存在であったからだと刀禰氏は考察している(刀禰、前掲書)。町や通りの名を蛸薬師町とか蛸薬師通りと変え、今なおその名が生き続けていることと並んで、蛸薬師に寄せられた人気の高さ、信仰の厚さを示すものであろう。

蛸薬師信仰の根源となったのは石仏に伝わる霊験譚である。二種類が知られているが、どちらも海洋生物の蛸がかかわる点で共通している。一つは寺伝であり、永福寺が舞台で、時代は鎌倉中期、建長年間(一二四九—五六)の初めとされる。善光という寺に住む僧が病気の母を寺に迎えて看病していた。ある時母が好物の蛸を食べれば病が治るかもしれないと善光に告げた。母のたっての願いを無下に退けるわけにもいかず、箱をかかえて市場に出かけ、蛸を買って帰った。これを見た人びとは僧侶が生魚を買ったことを怪しみ、後をつけて寺の門前で箱の中を見せろと責め立てた。善光が薬師に「難をお助けください」と一心に祈って箱を開けると、蛸はたちまち八軸の経巻になり、霊光を四方に放った。これを見た人びとが合掌して南無薬師如来と称えると、経巻は再び蛸になり、門前の池に入り、瑠璃光を放って善光の母を照らすと、病気はたちどころに回復した。以上が「蛸薬師如来の御縁起」のいう霊験譚である。薬師信仰の病苦消除、薬師の帰依者に対する加護、僧の現報経験などを盛り込んだ霊験譚である。

一方、江戸前期に別種の霊験譚を唱える書があった。明暦四(一六五八)年刊、俳諧師、中川喜雲が著した京都の地誌『京童』巻第一である。比叡の山でのことであるが、寺で母を養っていた僧がいた。この僧は「たくうす」という抹香《まっこう》(沈香《じんこう》と栴檀《せんだん》の粉末香)を所持していた。ある時母が病に臥《ふ》し、好物の蛸を所望した。僧の身としては母の所望を叶えてやることはできない。しかし孝子、孟宗の筍の故事もあることであり、思案の末に人に頼んで蛸を買い求めた。ところが魚肉を寺門に持ち込むことはできない。さりとて他人の目から隠すのは罪行であり、なすべきことではない。しかし病の母が所望するのであるから仏神も許してくださることであろう。もし咎《とが》める人があれば理を尽くして説明すればよいと決心し、蛸の姿を隠さずに寺門を入ると、薬師如来が抹香から出現し、他人の目には蛸が経巻に映るようにしてくださった。御蔭で咎め立てを受けることなく寺に入り、母の願いを叶え、病を癒すことができた。この薬師如来を永福寺が安置するので蛸薬師というのであると(竹村俊則編『日本名所風俗図会』7、所収の「京童」たこやくしの項による)。なお、薬師が蛸を経巻に見せて人の注意をそらしたという話以外に、孝心深い僧が母のため苦心して蛸を求めたが、帰って籠を開いてみると薬師経一巻に変わっていた。これを見て悟った僧は朝夕薬師経を唱えて孝養をつくしたので母の病気が全快した(岩井宏実『小絵馬』)という別バージョンもある。

寺伝の霊験譚と「京童」のそれを比較してみると、舞台が洛中と比叡山、また蛸が経巻に変ずるのと蛸が俗衆の目には経巻に映るというように異なる箇所があるとはいえ、僧の危急を救い、しかもその上母の病を癒すことによって、薬師仏に帰依するものには現世においても良き巡り合わせがあることを際立たせる結びにしている点で同一テーマ、同類の伝承とみてよいのである。

またどちらの場合にしても薬師仏と人との間に海洋生物の蛸が存在して霊験譚が構成されているわけであるが、蛸に解毒の力が仮託されていることを斟酌すれば、人の病苦を救済する薬師仏に蛸を配するには大いに理由のあることとしなければならない。換言すれば蛸は衆生を救済する薬師仏や地蔵菩薩の化身ないし分身、あるいは使い神的な存在と考えることもできないわけではない。

さて、本題に戻ることにするが、巨泉が蛸と巻物を取り合わせたといった花巻人形を筆者は蛸薬師霊験譚を題材とした人形に他ならないと考えるので、「経巻乗り蛸」と称してはどうかと思っている。また童子が蛸を担ぐ奇異とも映る花巻人形の方は、蛸薬師の庇護と民間信仰的な蛸の類感呪術とによって子の無病息災とか七難消除を願うための人形であったのではないかと考えたいのである。筆者がここで蛸の類感呪術と称するのは、蛸の形態や生理、生態との類似によって前近代の日本人が見立てた蛸の霊力ないし呪力のことをいうのである。例えば、吸盤の吸着力といぼいぼの形状になぞらえ、蛸の食用を断ち、いぼや胼胝《たこ》、魚の目(鶏眼《けいがん》)、腫物の平癒を祈ると効力があるとか、蛸は体毛がないから人間の禿頭、薄毛、縮毛の悩みに同情して解消してくれるという類のことである。

花巻人形は京都の伏見人形、仙台の堤人形に学び、その影響を受けながらも独自の展開をとげたとされる。あいにく筆者の土人形に関する知識は高が知れたものであり、伏見人形中に「経巻乗り蛸」

や「蛸担ぎ童子」そのものでなくても蛸薬師にちなむ人形が存在するかどうか、これについて明言することはできない。さらに蛸薬師が評判の高い名刹であったとしても、京洛から遠く離れた陸中花巻において苗代沢家が伏見人形を伝習する過程、あるいはなんらかの媒体によって蛸薬師の霊験譚を伝聞していたかどうかも立証することができない。したがって本稿で取り上げた二種類の花巻人形を京洛蛸薬師堂本尊にちなむものに擬す筆者の提案は現状では十分満足できる傍証を欠くのであって、あくまでも私説として提案するのにとどまる。

最後に蛸薬師堂本尊の霊験譚には先行する類話があることにふれておく。そこでは八腕の蛸でなく鯔《ぼら》八尾になっている。平安初期、奈良薬師寺に住んだ僧景戒《けいかい》が自己の見聞した「現報善悪」を漢文で書き留めた仏教説話集『日本霊異記《にほんりょういき》』巻下の第六話、「魚が変じて法華経となり俗人の誹《そしり》をひっくりかえす因縁」がそれであり(『覆刻日本古典全集　校本日本霊異記』下第六)、衰弱した師僧のため弟子が求めた鯔八尾が法華経八巻に変じて弟子の急場を救う話である。参考までに付記しておく。

吉野の海部峯《あまべがたけ》という山寺でのことである。この山寺で熱心に修行に励んでいた僧が、起居すら不自由になるほど衰弱してしまい、弟子に魚を探してきて食べさせてくれという。弟子は紀州の海辺で鯔八尾を買い、小さい櫃《ひつ》に入れて帰途につく。道中、顔見知りの檀家三人と出会い、何を持っているのかと尋ねられる。弟子は法華経だと答えるが、櫃から魚の汁がたれ、魚の臭いがするので檀家の者たちは経ではあるまいと思った。一行が大和の内市《うちのいち》近くまで来て休息をとった時、檀家の者たちは無理やり櫃を開けさせるが、なんと鯔八尾は法華経八巻に変じていた。この不思議を目の当たりにした檀家の三人は恐れをなして立ち去ってしまったという。話はさらに檀家の一人が弟子の後をつけて山寺に行き、最後は弟子を責め悩ました罪の許しを乞い、良き檀家となって供養を重ねた話となって終わる(倉野憲司訳「日本霊異記」の訳を参考にした)。洛中と吉野、病床の母と禅師、八腕の蛸と鰡八尾の違いはあるが、寺門に持込みのできぬ生臭を経巻八軸に変えて仏に仕える者の急場を救った仏の加護を説くのであるから、同類の説話であるとしてよい。ちなみに『日本霊異記』の成立は延暦年間(七八二―八〇六)とか弘仁年間(八一〇―八二三)ともいうが、定説はない。

またこの種の霊験譚において、八腕の蛸、経巻八軸、鰡八尾など、八に対するあるこだわりが感じられる。八は陰の極数であり、また四方八方とか八正道をはじめとして一種の聖数として使われることが多い。八へのこだわりが偶然の結果であって無視すべきであるのか、それともなんらかの寓意をこめての八であるのか、「蛸研究」にとっては新たな宿題を課せられた思いにかられる。

3◉神仏の従者になった蛸、なり損なった蛸

寄り神と蛸

四周を海に囲まれた島国日本では古くから海辺に寄り来る神の信仰が行われたが、蛸もこれに深くかかわった。蛸自身が寄り神ないしは仏を助ける従者として寄りつく型と、神霊が乗り移った有体物を送って現れる型との二通りがみられる。

「上代《かみだい》の蛸さん」とか「蛸大明神」と通称される伯耆山中の福岡神社（鳥取県西伯郡伯耆町福岡）の社伝によると、主祭神は熊野三社の速玉男命《はやたまおのみこと》（若一王子《にゃくいちおうじ》）であり、熊野浦より海路を進み、途中大蛸に助けられて吉備国に上陸し、次いで当地に至ったとされる。神社後方の山に崩御所とされる墳丘がある。十月十七日から十九日にかけて行われる榧取り祭《へぎとりさい》、崩御祭、大注連神事、蛸舞式などの一連の神事は一九八六年に鳥取県指定無形民俗文化財に指定された。神事のフィナーレ蛸舞式は祭神が海上で遭難した際、大蛸に助けられた故事を再現するものとされる。舞堂の戸を閉め、褌《ふんどし》一つで九人が一組となり、願主あるいはみくじに当たった一人がワラ蛸の頭を持つ。他の八人が各自ワラ蛸の足を一本ずつ持ち、立ったままの願主を全員でかつぎ上げ、神楽囃子に合わせて掛け声もろとも八回もみ合う勇

図 3-4　福岡神社の蛸まわし神事.

壮な神事である。戦前、堂内で何組もの蛸が舞うほど盛大であったのは、この神事に願かけをすると徴兵を逃れられると信じたからであるという。

蛸舞式の後が「蛸まわし」である。これは舞堂の上部に架けた丸梁に男を抱きつかせ、他の男たちが下から手添えして囃子に合わせて八回急回転させる神事である。

丸梁に抱きつく男一人に六人ずつ手添えするのが本来の形のようである。こちらの方は戦前は弾丸よけ、戦後は開運、厄除けになるとされる（鳥取県教育委員会編『鳥取県文化財調査報告書17　民俗文化財・考古資料』、溝口町誌編さん委員会編『溝口町誌』、矢野、前掲『魚の文化史』、三隅治雄編著『全国年中行事辞典』）。祭儀に蛸が重要な役割を演じていることが分かる。氏子は蛸を食べない習慣があった。

なお川上廸彦《みちひこ》「福岡神社」は、若一王子の伝承とは違い、海に出て遭難した京の公卿が蛸に助けられて当地に至って創建した、あるいは人の忌む病を患った公卿の姫が海に流されたが漂流中に蛸が現れて姫を助け、西伯郡日吉津《ひえづ》海岸に送った。姫は汐汲みに来た百姓に村へ案内された。この姫が没後に当社の祭神に祀られたというのである。当社の祭神は初めは女神であったとする異説である。いわゆる貴種流離譚であるが、このばあいでも蛸が貴種を助けることに変わりない。

石川県にも蛸が寄り神の漂着を助けた伝承が語りつがれている。能登島(七尾市)草分けの子孫で旧家、中屋氏の先祖三郎助が体験した話として語られる。梅木谷内に住んでいた人びとが祖母ヶ浦に移住した折、置き去りにした氏神が蛸に送られて向田《こうだ》の三郎助の前浜に寄り着いた。御告げで知らされていた三郎助がこの神を迎えて愛宕山に祀ったのが愛宕社であり、のちに向田の伊夜比咩《いやひめ》神社の相殿にしたというのである。氏神ではなく、火結命《ほむすびのみこと》が蛸に乗り北東風に吹かれて向田に漂着したとか、三郎助の竈の上に現れたとする類話もある。十一月三日、神官家から飯二升を蛸の頭形に盛り、密かに中屋家の竈に置く。中屋家ではこれを握り飯にして近所に配る神事「タコノママ」はこの伝承にちなんだ行事であった。別の説では蛸に乗って三郎助の前の平岩へ上がったのは八幡宮ともいう。江戸中期、安永六(一七七七)年の『能州名跡志』下巻、『石川県鹿島郡誌』(一九二八年)、『能登島町史』資料編第二巻(一九八三年)などに関連記事がある。

次に四国佐田岬半島や宇和海方面についてみると、明石浦の珠取り神話を原型とする類話が豊予海峡(速吸瀬戸)の佐賀関地方(大分市)にあり、速吸瀬戸の海人の交流を通じて佐田岬半島や宇和海に伝

図 3–5　豊予海峡(速吸瀬戸)の風待ち，潮待ち港として繁栄した歴史をもつ佐賀関.

図 3–6　神武天皇の軍船を繋留したと伝えられる「纜岩(ともづないわ)」.

図 3–7　黒砂・真砂姉妹を海女の始祖として祀る祠.

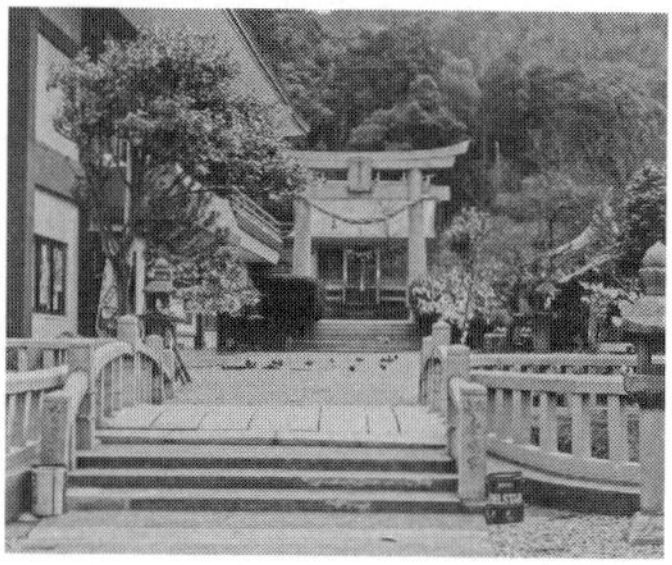

図 3–8　早吸日女神社．関権現という．

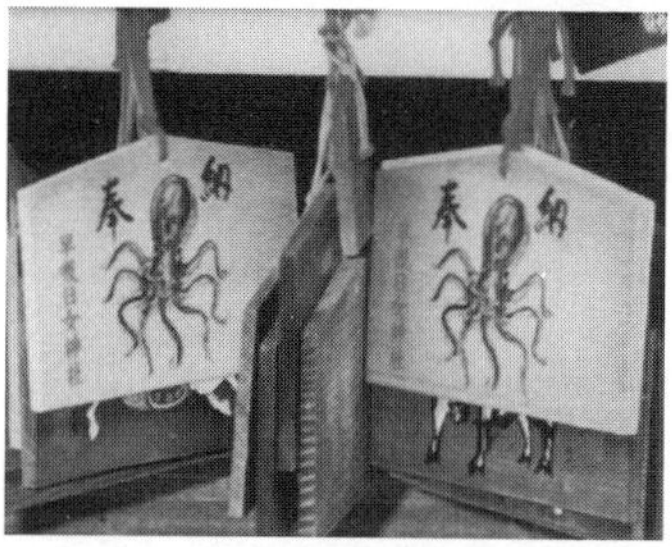

図 3–9　蛸断ち絵馬（早吸日女神社）．

えられていたと主張するのは武智利博『愛媛の漁村』である。

すなわち早吸《はやす》日女《ひめ》神社の由来とされるのは珠取りではなく、海底で大蛸が抱く神剣を黒砂《いさご》・真砂《まさご》の姉妹海女が大蛸と戦って取り上げ、神武天皇に献じて息絶えたという話である。天皇は神剣を速吸の神の神体としてこの地に祀り、また姉妹を若御子の地にねんごろに葬ったという。

また京都の春日神社より分霊を勧請した狩浜の春日神社（西予市明浜町）にちなむ伝承によると、御神体が盗難に遭い上方へ運ばれる途中、盗人が神罰をこうむり難船して海中に沈んでいた御神体を大蛸が拾い上げてきた（明浜町誌編纂委員会編『明浜町誌』）とか、御神体を海路お迎えする途中、暴風に遭い御神体を海に沈めてしまったが、蛸が拾ってきてくれたという（矢野、前掲書）。どちらにしても蛸は神の守護者である。この由来により狩浜では神官はもとより、氏子、とくに漁民は蛸を食べないことを習いとしてきた。正野や明神、既述の佐賀関においても蛸食を禁忌としたが、現在では蛸断ちの禁忌もゆるみ、神官家や願かけをする一部の人に限られるようになっている。正野のばあい、その契機について食料難の戦時中からのゆるみにある（愛媛県教育委員会編『愛媛県民俗資料調査報告書』第一集）と指摘されている。神の乗り移った有体物を現世に送ってくる蛸の伝承は寄り神を助けて現世に現れる蛸と同じであり、蛸を神や貴人を助ける使い神または化身とみる心象と表裏をなすと考えてよい。昔の日本人は、蛸は海中で暮らすだけでなく陸上でも生活でき、地上を自由に歩く生物だと思っていた。水中でも地上でも生きていくことができる生物は蛙・亀・蟹・蛇・鰐《わに》・河馬《かば》のように、人類史のどこかで一度は信仰の対象となっていることを思うと、蛸が超自然界と人間界を往来して両者を結びつける役柄として類型化されてもおかしくはない。

仏の従者としての蛸

仏教の分野でも蛸を仏の従者とすることが行われた。小峯和明氏風にいえば、畜生である蛸が救いの対象となることで仏の守護神として反転再生する。龍の上に起こったのと同じことが蛸の身上に生じたのである。

東京の人にとっては「下目黒の蛸薬師」こと成就院がよく知られている。平安前期の天安二(八五八)年、円仁の開山というが、盛況を呈するのは江戸時代に入ってからのことである。

図 3–10　蛸断ち祈願.
春日神社(狩浜).

寺伝によると薬師如来像が蛸に乗って海中から出現したことを伝える。すなわち入唐《にっとう》僧円仁(諡《し》号《ごう》・慈覚大師)は眼病治癒を祈願し自ら刻んだ薬師如来の小像を護持した。入唐時も肌身離さず護持したが、八四七年帰国する際、海上で遭遇した暴風を鎮めるためこの小像を海中に投じて念誦した。

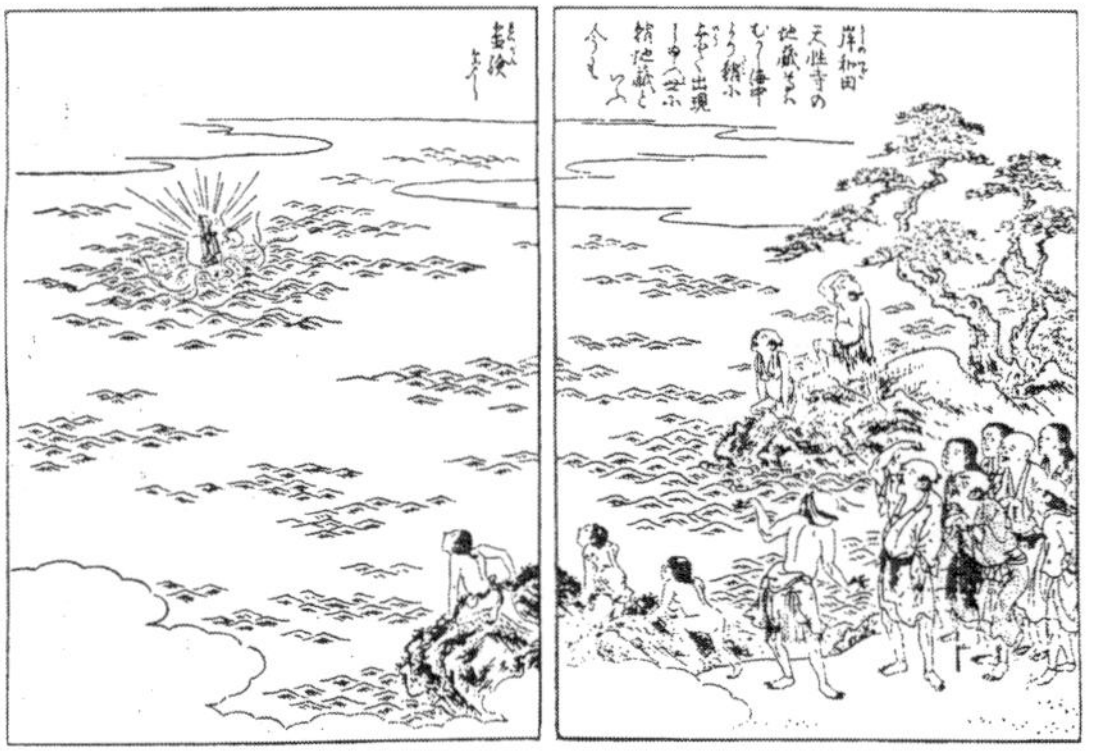

図 3-11　岸和田蛸地蔵の海上出現.

後日蛸がこの小像を乗せて、肥前松浦に現れ、折から行脚中の円仁の許に戻ったという。松浦の海上が光り、蛸に乗った薬師が出現した姿を刻み、かつ件の小像を胎内に収めたのが本尊であるという。一九六一年刊『目黒区史』に「祈願者に蛸を食わせ、蛸の絵馬を掲げ疫病除けの仏として流行した」とあるが、蛸の食用を断ち、いぼ・魚の目・眼病・痔疾などに御利益を祈願する、とする方が正しい。

こちらもよく知られているが、岸和田市の天性寺、通称「蛸地蔵」は建武年間(一三三四—三六)地蔵菩薩を乗せて海岸に寄り着いた、あるいは津波で海岸に打ち上げられたという蛸である。寛政八(一七九六)年、新刻『和泉名所図会』巻一に蛸地蔵の海上出現を人びとが望見する図がある。

また三河湾に浮かぶ小島の日間賀島には「蛸阿弥仏」の伝承が残っている。この島は以前、蛸漁が盛んで、正月に蛸の豊漁を祈願して頭屋(一年神主)が行う「蛸祭」で知られた(瀬川清子、前掲書、堀田、前掲書、矢野、前掲書)。この島の安楽寺別堂に祀られる阿弥陀如来は、貞観四(八六二)年の大地震で陥没した大磯にあった筑前寺の本尊胎内仏であったが、後年、日間賀島漁民の網に大蛸に抱かれて引き揚げられたといい、里人は「蛸阿弥陀」と呼んで氏仏としたといういわれがある。

こうした社寺と重なる蛸信仰だけでなく、蛸を上に冠して呼ぶようなことのない小さな祠堂のなかにも蛸の絵馬をあげ、蛸断ちを誓っていぼ取りや咳止め、眼病治癒を祈願する風習が広くこの国土に広がっていた。いぼ取り、痣《あざ》取り、諸々の毒消しを蛸に祈願するのは蛸の吸盤からくる呪い、あるいはフレイザーのいう類似は類似を生むとする類感呪術(homeopathic magic)と理解する意見もあるかもしれない。しかし、蛸神の由来を神仏の従者、化身としてこの世に出現したとすることも考慮されなくてはならない。蛸は神仏というにはまことにマイナーな存在であるが、超自然と人間との間に介在して、祈願する人間に好意的に働いてくれると考えていたのが日本人の集合的な概念であったことは疑いない。

吉原遊女の通神となる

江戸の戯作者、朋誠堂喜三二作、喜多川歌麿(一七五三―一八〇六)画、絵双紙『鮹入道佃沖』は天明五(一七八五)年、蔦屋重三郎の版行であるので、東洋文庫蔵『猿のいきぎも』より五十年前後新しいことになる。国立国会図書館が唯一所蔵するこの絵双紙に早くから注目していたのは、ロジェ・カイヨワである。カイヨワは一九七三年の著書の中で、江戸吉原の遊女が佃島の蛸(あるいはそれを表現したもの)をお守りにする習わしがあるとしている(カイヨワ、前掲書)。活字本の類が出版されておらず、筆者には古い仮名など自力で読み切れない不自由さがあって、原典の参照をついつい後回しにしていた。ただ『日本版画美術全集』第四巻、図七〇に一部が収録されており、うち一丁に大蛸が海中で男の首に腕を巻きつけており、それを船の舳先に立つ腰蓑姿の男が目撃している場面が描かれていて、

図 3-12　朋誠堂喜三二作(他)『鮹入道佃沖』1 巻，208 頁，天明 5(1785)年.

本書の一端をうかがえるだけであった。

ところが近年になって植木智広「黄表紙『鮹入道佃沖』翻刻と注釈」が発表されていることを教えられ、問題が一挙に解決したのである。佃とは現在の東京都中央区佃のことである。江戸初期には隅田川河口の小島であり、摂津国佃村、すなわち現在の大阪市西淀川区佃から移住してきた漁民が集落を営んでいた。島の住吉神社は佃の漁民が故郷の住吉大社の分霊を祀ったことに始まる。

さて植木氏の翻刻によってみると、佃島の沖に漁民の生肝を抜く大蛸がおり、漁業の妨げとなっていた。漁民の難儀を知った薬師如来が蛸を諭し、生肝取りを禁じ、その代わりに食物として芋を与えた。ところが海に芋がないので蛸は空腹を覚えるようになり、ついに芋畑を荒らし、村人に打擲される。蛸は手向かいもせず、今わの際に村人に遺書を渡して息絶える。遺書には仏に背き人間の肝を取った極悪の罪は免れがたいが、死に臨み一念発起して自分の冥福を祈る遊女を助けて繁盛させることを誓うとあったという。つまりカイヨワのいうお守りとは身につけるお守りではなく、吉原の遊女が通ふ神として蛸を信仰し商売繁盛を願ったということなのである。

ところで蛸が死に追いやられたのは海で入手できない芋を食物とするよう薬師如来から言い渡されたのが遠因であるからミスマッチもいいところであって、とうてい仏の慈悲救済とはいいがたい。人間の生肝を取ったことを悔い改めることによって遊女の福神として再生したと解するしかない。

『鮹入道佃沖』は吉原にあった実話をモデルにしたのではなく、あくまで喜三二の戯作である。植木氏が明らかにしているように、明和五（一七六八）年に成った吉原評判記『吉原大全』巻之三、「かよふ神」の項に、尾張屋清十郎が道祖神を通神として勧請し遊客往来の無事を祈ったこと、またこの縁起から遊女が客へ送る文の封じ目に「かよふ神」と書いたとあるのに取材し、道祖神を蛸にすり替えたのである。道祖神は傀儡《くぐつ》や遊行《ゆぎょう》女婦すなわち遊女が自己の福神として崇拝したものであり、「ことにその優倡に従事した婦女子の輩」は、道祖神に対して嫖客の幸多からんことを祈った（喜田貞吉編著『福神』）というから、吉原の揚屋《あげや》が道祖神を祀ったというのは実話であったと思われる。それだけでなく、蛸が陸へ上がってきて芋を掘って食う話、蛸の亡骸を住吉神社脇に埋めたところから生えた木を藤としたことなど、当時通行した諸国話や名所の藤棚をもじったことも植木氏のいうとおりである。そうであれば人の生肝を抜くワイルドな蛸が薬師如来の救済によって悔悛して再生するという原話がどこかにあって、筆者がそれを知らないだけなのかもしれない。

さて、本黄表紙の絵を受け持ったのが歌麿であることは既に述べたが、描かれたのは人間と隣り合って棲むようになった蛸ということになる。

都合四か所に蛸が見られる。すなわち佃沖において佃島の漁民を締めつけて生肝を取る蛸（一丁表）、薬師から芋を授かる蛸（一丁裏）、村人から駄賃の芋を貰い、八本足を使い二人分の芋洗いをこなして村人を驚かす蛸（二丁裏）、村人に遺書を託す蛸（三丁裏、四丁表）である。その蛸も五十年ほど前の『猿のいきぎも』の漠然とした口と違って、輪郭のはっきりとしたひょっとこ口に描かれている。この違いは五十年という年代の差によるのではなくて、蛸が人間の身近で暮らすようになることでそれ相応に発声する口の必要性が高まり、ひょっとこ口の出現へと導いたと考える方が説得力があろう。読む人、見る人の存在を前提とする絵双紙・浮世絵であればなおのこと台詞を言う蛸の口が必須と考えられたに違いない。

歌麿の蛸でもう一つ気付くのは、『蛸入道佃沖』二丁裏、芋を洗う蛸に捩り鉢巻きをさせることによって擬人化の効果を高めていることである。鉢巻きは先行する奥村政信の蛸に見られる。また『蛸入道佃沖』より二十年近く時代が下るが、山東京伝(一七六一―一八一六)の享和三(一八〇三)年自序、『人間万事吹矢的』も同じ手法をとっている。すなわち、不幸の矢に当たって海だけでは口を養うことができず、芋を掘りに陸へ上がってくると京伝のいう蛸は、あいにく真正面を向くので口の突出度は分からないが、口がつくことは確かである上、向こう鉢巻きをしているのである。

4◉「災いくるな」——わら蛸を下げる房総のムラ

一九九八（平成十）年四月、私は縁あって敬愛大学国際学部に再就職した。キャンパスの最寄り駅は総武本線佐倉駅の一つ手前（千葉駅寄り）の物井駅であった（現在キャンパスは千葉市稲毛区穴川に移転）。それが縁で薄れていた房総の地がにわかに身近な存在となった。佐倉は母方の実家のある九十九里へ行き帰りする途中で何度となく通っていた所である。総武本線のターミナルが両国駅であった頃からである。今の両国駅ホームから国技館側を見下ろした真下、相撲茶屋のある辺りが駅舎であった記憶が残っている。また佐倉は首都防衛の要となる陸軍の連隊があった関係で、佐倉駅が軍需物資輸送の拠点となり県下最大の操車場となっていた。防諜目的から、列車が佐倉駅を発着する前後は車窓のすべてを木のよろい戸で覆うという暗い思い出も交じるが、総武本線が幼馴染の路線であることに変わりない。

さて総武本線下りの電車は江戸川を渡って千葉県に入り、県北下総《しもうさ》（北総）の地を東行するが、その沿線で見られる風習の一つにわらで作った大蛇《おろち》を樹木に這わせる「辻切り」がある。一般的には「道切り」といっているが、疫病神や悪霊がムラに入らないよう追い払う呪いの一つである。ムラの境界や集落へ通ずる道の出入口に飾る「大辻」と、家ごとに飾る「子辻」の二重ロックになっていることもある。「わら蛇」の風習は戦時中、戦後における地域社会の変動によって姿を消したものもあるが、市川駅・船橋駅・津田沼駅の沿線から八街《やちまた》駅・横芝駅方面にわたって継承された呪いであり、八日市場駅沿線まで分布が延びる。途中の佐倉では京成本線の勝田台・ユーカリが丘方面寄りに分布する。この中には木を削って作った剣を尾に差し込んだわらの八岐大蛇《やまたのおろち》を神社の鳥居に掛けるもの(香取郡多古町牛尾)や、龍と呼ぶ太い縄束を鳥居前の樹木に掛けて豊年満作を祈るもの(匝瑳《そうさ》市山桑)も含まれる。

こうしたわら蛇の分布は、埼玉県の利根川中流から南下し、江戸川沿いに千葉県松戸を経て市川へと続いてくるものであり、研究者によっては「わら蛇の道」と仮称する(秋山笑子「藁蛇の道」)。わら蛇の道は八日市場駅に近い匝瑳市時曽根、山桑が東端である。

また県央上総《かずさ》(南総)地方では内陸部の山武市木原でわら蛇をムラ境に立てる行事が昭和五十年代まで行われていたが(鈴木文雄「千葉県上総地方の辻切りとムラ境」)、全体的にみれば上総はわら蛇の分布地帯になっていない。

上総と県南の安房《あわ》は基本的には道に張り渡した縄から各種の呪物を吊り下げて疫病や悪霊がムラに侵入してくるのを防ぐ「綱つり」もしくは「縄つり」の慣行地帯である。また下総においてもわら蛇の道を外れた地方では綱つり型の道切りが卓越する。ただし安房の海岸部では綱つり型以外にわら蛇が再び姿を現したり、わら蛇を取り込んだ形の綱つりがみられたりするようになる(豊川公裕「鴨川市における ツナツリについて」、豊川公裕「和田町仁我浦の綱つりについて」千葉県立房総のむら編『災いくるな! Ⅲ』。以下『災いくるな! Ⅲ』と略して引用する)。安房のわら蛇が下総のわら蛇の道とつながりを有するものか否かについては私の知る限り結論は出ていない。

綱つりは大字(区)の中の「組」、「台」、「町会」、「ブラク」などと呼ばれる下位単位ごとの共同祈願として行われるのが原則である。この大字とは明治二十二(一八八九)年、町村制施行以前における「村」に相当するものである(豊川、前掲「鴨川市におけるツナツリについて」)。

また綱つりを行う時期については、八千代市高木のように三月四月の雨が降って農作業を休む日に行う例(『災いくるな! Ⅲ』)もあるが、一月から二月中旬にかけて行われる例が多く、また初午とか「コト八日」(二月八日)といった特定の日にこだわる時代ないしムラもあった。また道切り呪物は一年ごとに作り替え、飾った後そのまま放置するのが普通であるから、飾ってからしばらくの間は形を確認することができる。その後は風雨にさらされて原形を損なっていくのに任せる。

その道切りに私がひかれるのは、綱つりに下げる呪物中にわら細工の蛸がみられるからである。どこの綱つりでも必ずわら蛸を吊り下げるわけではない。わら蛸を下げるのは一部の綱つりだけであり、下総では九十九里平野東部(便宜的に銚子市小浜《おばま》を含む)、上総では袖ケ浦市や木更津市の海岸部だけである。それで下総と上総に関する限り、わら蛸は海岸に分布する海付きの呪いであるという印象を受けることと、わら蛇とわら蛸とが互いに距離を保ち、重なり合うことがなく、独自の分布圏を各々形成することが研究者としての私の関心をかき立てるのである。

わら蛸を下げる道切りの形態中、最も簡単なタイプは、わら蛸一個を竿に結んで道端に立てるとか、張り渡した縄から吊り下げるものであり、この型による道切りは袖ケ浦市上久保田(旧君津郡久保田村上久保田)において継承される。日取りは十月二十一日、「三夜様」(半月の旧二十二、二十三日頃に宵待ちをして月を拝む三夜講)の日である。また同村新屋敷、迎村、白根、渋田などにおいても世話人が中心となって戦前までムラ境にわら蛸を吊すことが行われたという(袖ケ浦町民俗文化財調査会編『昭和地区の民俗』)。

浮戸川下流右岸に位置する袖ケ浦市神納上新田、隣接する坂戸市場もわら蛸を一個だけ縄から下げるか竹や棒に結びつける方式に従っている。わら蛸だけであるから、道切りに蛸を使う理由も明快そのものである。神納の俗称「タコツリ」では昔疫病が蔓延してきた時にわら蛸を作って蛸に疫病を吸い取ってくれるように祈願して疫病を免れることができたと、その起源について口承する(千葉県立房総のむら編『災いくるな! II』、袖ケ浦町民俗文化財調査会編『長浦地区の民俗』)。

旧時、房総では毎年赤痢・腸チフス・ジフテリアが風土病のように発生しただけでなく、時には天然痘・コレラ・ペストが猛威を振るったが、臨海地方で特に発生が著しかった。鉄道敷設以前、他府県で発生した伝染病が海上感染によって房総の漁村、漁港に蔓延してきたからだとされる。衛生知識に乏しい時代には船内に感染者がいても隠蔽して手当てを受けさせず、そのため被害を拡大する側面もあった。そう考えると沿岸地方にわら蛸による疫病除けが行われたことも納得がいく。しかし蛸を吊すのが二月十一日であり、行事名も「ハルギトウ」とか「ハルギト」すなわち「春祈禱」と呼ぶようになり(袖ケ浦市史編さん委員会編『袖ケ浦市史 自然・民俗編』)、原義が薄れて、現在では豊作の無事を予祝し、かつ家内安全を祈願する意識の方が勝っている。

次の木更津市であるが、小櫃《おびつ》川が久津間先で東京湾に注ぐ河口低地は木更津から奈良輪まで約一〇キロメートルの海岸を形成する扇状デルタであって、デルタ先端の前浜は広大な砂質干潟《ひがた》(盤洲)になっている。ここでは蛸一個を下げることはなく、何種類もの呪物、縁起物を下げる。土地の郷土史家、篠田芳夫氏によると、綱つり型の道切りを中島と中野では「ツナハリ」と呼び、牛込では「ナワツリ」、やや離れた高須・畔戸では「シメハリ」ということで、狭い地域の中でも呼称が異なる。またちょうど東京湾アクアライン連絡道の出入口に当たることから京浜方面からのレジャー客の目にとまるとみえ、木更津の綱つりがブログに登場することも少なくない。

二〇一四年一月十九日、地元の山田成康・篠田芳夫両氏の案内で金田の中島地区六町内、十か所のツナハリを一巡することができた。中宿・鯨・浜戸・新町では道路の両側に青竹を立てシビ(トゲ)を出した左綯《ひだりな》いの縄を渡す方式をとり、東と下宿では電柱に縄を結ぶ違いが認められた。印象的であったのは鯨でツナハリを立てる三か所のうち一か所が海へ通ずる道の入口にあったことである。海からも疫病や悪霊が侵入してくるという心意がうかがえる。八杉真帆氏が湖や海の方向からの侵入者がいないので注連を湖、海側に張らない旭市椎名内浜、西足洗浜など九十九里浜の事例を注意している(「海匝地区の辻切り」)のと対照的である。

小櫃川河口低地に分布する綱つりタイプの道切りを吊り下げる呪物からみると、通常綱つりによくみられる桟《さん》・俵《たわら》・草鞋《わらじ》・草履《ぞうり》などがないという点では非農村的、非内陸的であり、わら海老、わら蛸、賽子《さいころ》を下げるという点でいえば海村的なのである。通常災厄を流すと説明される束子《たわし》でさえここでは船の汚れを流すためというくらいであり、海で業を立てる人びとのものらしい道切りになっているのである。さらに男女一対のわら人形を作り、大根と人参で性器をつけて縄から下げる。現在では性別を示す別の工夫をしたものも交じる。人形が小櫃川筋の「鹿島人形」や「人形だんご」の影響であることは明白である。つまり小櫃川河口低地の道切りは、海村的ないし非内陸的綱つりが蛸による疫病除けと鹿島信仰を取り込んだ形であると要約することができるのである。ただしここでも「天下泰平、町内繁盛、五穀豊穣」と書いた木の勧請札を下げることからすると、町内安全と豊年満作(漁業者にとっては大漁)祈願への傾斜が粛々と進行しているとみざるをえない。

次に九十九里平野東部ならびに隣接する銚子市小浜町方面に目を向けると、既に記した小櫃川河口低地のわら蛸があたかも河口に橋頭堡を築くかのように海岸に狭く密集するのに対して、九十九里平野東部では旧海上《かいじょう》郡飯岡町(現・旭市)から旭市椎名内浜・西足洗浜に至る砂浜海岸沿いに分布するだけではなく、砂浜海岸に並行してその内側に走る数列の砂堆列と砂堆列間の低湿地を越えて後背地の内陸深く広がる分布が認められる。

具体的にいうと総武本線飯岡駅の東方に位置する旭市蛇園(旧海上郡海上町《うなかみ》)を経て三方向に分布が延びており、一は蛇園から旧多古銚子道添いに網戸《あじと》(旭市)・太田(同上)と続き、二は蛇園の北方見広(旧海上町)を経て下総台地西端に沿って岩井南・岩井北・松ケ谷・幾世(以上旧海上町。岩井北・松ケ谷・幾世では既に廃絶)と北上し、三は見広から旭市の大間手東・大間手西・高生《たかおい》・東琴田・中琴田と西へ続くのである(図3-13)。

この分布状態は任意のものではなく、江戸初期寛文年間(一六六一―七三)まで平野北部に存在していた東西一二キロメートル、南北六キロメートルにわたる沼湖「椿海《つばきのうみ》」との関係を示唆しているように思われる。蛇園はかつて入海であった椿海と九十九里浜との間の砂嘴を「へびそね」と称したことに由来するといわれる。一六六九年になって椿海の水を海へ落とす新川開削が着手され、翌年に完成、七一年には、のちに「干潟八万石」と称する椿新田十八か村が出現し始めるようになる。わら蛸は椿新田の干拓地を東と南から囲むようにして分布するのである。換言すると飯岡方面の太平洋から入り込んでいた入海、次いで砂嘴によって内側に封鎖された潟湖、さらに沼湖、干拓新田と変遷してきた地域の東端、南端に印をつけるかのようにわら蛸が分布するのであって、内陸に無造作に分布するわけではないのである。

前述した八杉真帆「海匝地区の辻切り」は本地域の道切りを二十八か所(中止、廃絶を含む)としている。二十八か所中、大蛇を祀る時曽根の「ムラギネン」以外は、すべてわら蛸を下げる。八杉氏は網戸上宿はわら蛸を下げないとするが、一九八〇年刊『旭市史』第一巻は、網戸区の辻切りは「タコツルベ酒タル」を作るとしている。

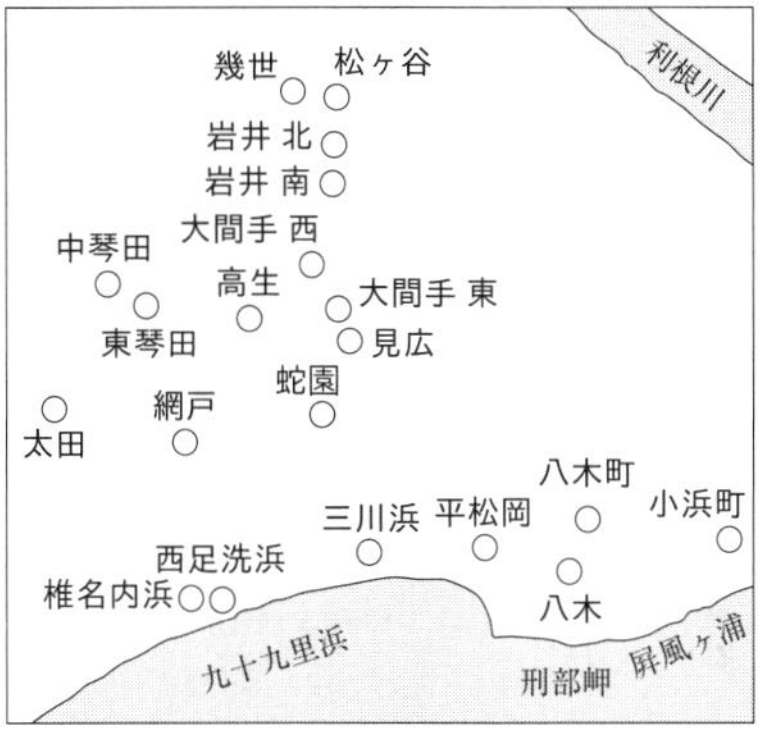

図 3-13　九十九里平野東部，銚子市小浜におけるわら蛸の分布．

わら蛸以外の呪物と縁起物についてみると、小櫃川河口低地で用いられる鹿島人形が姿を消しており、九十九里平野東部方面の道切りにその影響が及んでいないことに気づく。

さらに鹿島人形と並んで小櫃川河口低地の綱つりを特徴づけていた海村的なわら海老も九十九里平野東部では見ることができなくなるが、そうだからといってこの地域の道切りが農村的ないし内陸的要素が濃厚になったというわけではない。前掲、八杉氏論文によって記すと、桟俵は岩井南一か所で見るにすぎないし、草履・草鞋は皆無なのである。

図 3-14　木更津市中島のツナハリ（部分）．右から人形・賽子・勧請札・人形・束子・わら蛸．この写真では見えないが，右端に海老を吊る．

また海村的要素が維持されていることは、小櫃川河口低地の場合と同じようにわら蛸が賽子を随伴して海岸部（本地域の場合、潟湖の岸ないし新田などの水辺）に分布することにも表れている。賽子は遊戯や賭博の具であり、綱つりに賽子を下げるのは賭博の悪習がムラに入ってこない呪いであるとか、賭博の戒めであると説かれることは私も承知している。しかし日本では賽子を懐中にして魔除けとする風習が庶民の間で古くから知られている（牧田茂『海の民俗学』、増川宏一『さいころ』）。特に海辺、水上で業を立てる人びとの間では、賽子には霊力が宿ると考えて崇める風が強かった。このことはよく知られている、船内に祀る船霊の御神体の一部に賽子を収めることや、大網の中央に賽子をつけて大漁祈願の「えびす」とすること、さらに難風にあって船路を失った船頭が最終的に賽子によって進むべき方向を決定することなどに示されている。私は賽子がわら蛸とセットになって海岸ないし水辺の道切りに下げられることから、賽子の意味を海辺の信仰に即して考える立場をとりたいのである。このことは小櫃川河口低地の記述に際して明白にしておくべきであった。記述が前後してしまったことを御詫びした上で追記しておく。

また袖ケ浦、木更津方面の綱つりで見ることがないが九十九里平野東部と隣接する銚子市小浜で出現するのが酒樽などの酒器と刀、手桶、将棋の駒、花札である。酒樽を下げないばあいでも徳利・盃を下げるなど、酒器がわら蛸の付き物のように随伴するのである。またわらで作った刀を下げるのは椿海低地の高生と東琴田、銚子市小浜である。小浜では「シメキリ」の縄に下げる御札に陰陽道の呪術図形が見られることから考えると、天帝の使者が目に見えない邪鬼を威嚇して退けるために輝かせるという「金刀」に由来するものであろう。

また小浜に限らず海匝の綱つり全体については寺社との結びつき、寺社の強い影響がうかがえる。第一に海匝に広く根を下ろしている仏教民俗「オダイハンニャ」(大般若)に道切りも結びついていること、第二に道切りに寺社の発行する御札を重用すること、第三にわら蛸を含めて道切りの呪物に対し仏教的解釈をすることとである。第三についてだけ付言すると、わら蛸を下げるのは「八正道」すなわち仏教の修行にとって基本となる八つの実践徳目にちなむとか、八腕によって八方を塞いで諸悪の侵入を防ぐ(鎌田、前掲『九十九里東部の民俗伝承』)などというところに影響がうかがえる。

ともあれ銚子市の外れ、小浜方面から九十九里平野東部にかけて、小櫃川河口とは様相を若干異にするがわら蛸の分布圏が形成されており、入海―潟湖―沼湖―干拓新田と変遷した「椿海」と関連するかのように分布し、かつここにおいてもわら蛇の分布と交じり合わないことが確認できるのである。

下総と上総におけるこの通則が適用できないのが安房である。安房では綱つりが各所で行われるのであるが、わら蛸を下げるのは南房総市千倉町宇田と北朝夷《あさい》の蓮台枝《れんだいじ》(『災いくるな！　Ⅲ』)、それに岡瀬田(『災いくるな！　Ⅱ』)の三か所だけである。このうち宇田の「綱つり」では、わら蛇と七手のわら蛸各一個が同じ竹から下げられるのであって、あたかも宇土長浜で蛇が海中で七手の蛸に化したという奇談(前掲『宗祇諸国物語』)を具象化したような綱つりなのである。しかし七手の蛸は呪物をわざと不完全につくる綱つり呪物の慣行にならったものであり、意図して奇談にならったとは思えない。ともあれ下総、上総での通則に反して宇田はわら蛇、わら蛸が重なり合う県下唯一の事例である。さらにわら蛸を下げる千倉の三か所は海岸から隔たっており、海付きの立地というわけにはいかない。沿岸域に流入する河川流域に立地しており沿岸との伝達通路が開けていることを考えると、宇田の事例が安房沿岸のわら蛇を取り込んだ綱つりとは関係なく内陸部に孤立していると考えにくいにしても、海岸から距離を置いていることは確かであり、上総、下総におけるわら蛸の分布とは異なるあり方を示す。すなわち民俗事象としてのわら蛸は下総、上総、安房によって若干の地方差を帯びながら広がるという結論に到達するのである。

以上のとおり、道切り一般のことであれ蛸を下げる綱つりであれ、房総における輪郭を把握できるのは先行する県下文化財行政部署、博物館・郷土史料館・図書館等が実施した調査研究、資料収集の積み上げに負うことはいうまでもない。しかしながらこのことは必要かつ十分な情報が提供されることを意味しない。記載に厚薄、精粗のあることが避けがたいからである。賽子を例にとると、綱に下げる個数が一個だけなのかそれとも二個一組なのか、あるいは二個ならば大きさが同じなのか不揃いなのか、また賽子の目は一・六、二・五、三・四と向かい合う目の和が七になるが、そのあたりの確認がもれなくなされたのかどうかが必ずしも確かではないのである。遊具にならない一個の例は多い。大小不揃いの中野西村例(『災いくるな！　Ⅲ』)、向かい合う目の和を故意に七にしない三川浜例(同前)が報告されているだけである。これは調査担当者のトレーニング不足や、標準化ないし統一された調査マニュアルの欠如によるだけでなく、たとえ道切りが継承されていても道切り本来の形や目的、呪物の解釈が戦中、戦後を通して変化し、今なお私たちが想像する以上に変動し続けていることにもよるのである。

呪物の意味づけや呪物のつくり方が融通がきくというか、フレキシブルなことはよく経験するところである。本来は悪神を村外へ追放する君津市小櫃地区山本のわら人形鹿島様が戦時中、出征兵士の武運長久祈願となり（君津市市史編さん委員会編『君津市史　民俗編』）、他県でいえば熊野の若一王子流離譚で知られた「蛸大明神」（鳥取県西伯郡、福岡神社）が戦時中、兵役逃れの効験となり（前掲『溝口町誌』）、同社の「たこまわし神事」が弾丸よけの呪いとされたのは（谷川、前掲『日本の神々』）厄除けが戦時に臨機応変に対応した姿である。また木更津市でいえば、わら人形の性別をパンツ・スカートによって区別するのは呪物つくり変えの最近例である。

もし太平洋戦争勃発（一九四一年）以前の房総であれば、綱つりが前近代以来の伝統をより濃厚にとどめていたことであろうと私は思っている。消えずにいる私の夏の日の九十九里浜の記憶は、焼けた砂浜をぴょんぴょん跳びはねてようやく辿りつく海際の高波や、海に流れ込む新川の河口である。一度だけ「寄り鯨」を間近で見たことがある。また、運良く地曳網を引く日にあたることもあった。母の実家は漁家ではなかったが、網を引く手伝いをするとなにがしかの魚をくれる習慣があり、私も網につかまっていたので、何匹かのアジかイワシになったに違いない。網からはずした魚の皮を手際よく手で剝ぎ、海水ですすいで無造作に口に運ぶワイルドな浜の風景も見られた。

なかでも鮮烈によみがえるのは、海や川に入る前に男性器の先をわらで結ぶ風習である。子どもで、しかも土地の子でない私も例外ではなく、今は鬼籍に入った年上の従兄弟が縛ってくれた。この風景は九十九里浜の起点である岬町(現・いすみ市)でも確認されており、海の悪霊を体内に入れないためであるとか、あるいはまた身の潔白を海の霊である女神に見せるためであるとされる(山本野歩・越智寿『房総のふるさと』)。九十九里浜一帯の風習であったとみえる。私自身はなぜ男性器をわらで縛るのかその訳を聞いていないが、「魏志倭人伝」に記されている倭人は水中での害を避けるため身体に文身を施しているという記事を読む時、いつもこの習慣がよみがえる。こうした追憶があることで、もし太平洋戦争以前であったなら綱つりが今よりは多く古俗をとどめていたに違いないという思いに駆り立てられるのである。

この意味で海上町史編さん委員会編『海上町史 総集編』が幕末の地方文書から、二月一日の次郎の朔日にセコの境に稲わらで作った蛸と賽子、桶を注連縄につけて張るという記述を発掘しているのが注目される。セコとは瀬戸の意であるという。ただし地方文書からこの種の情報を抽出することが至難の業であることも承知しておかなければならない。

そこで期待をかけたいのが他地方における同種の慣行である。房総のわら蛸といっても、そもそもが房総(旧房総三国)一地において研究が完結するものではない。ましてや房総の民俗形成には江戸川、利根川、印旛沼、霞ケ浦方面から北関東、東北地方の影響があることが知られており、また黒潮を介して紀州、摂州、泉州とのかかわり、さらには三陸地方との交流が指摘されているのである(千葉県史料研究財団編『千葉県の歴史 別編 民俗I(総括)』)。

梅三画、印判舎版の仙台絵「大漁繁栄之体」(『日本版画美術全集』第六巻、図一八一)は大蛸を飾った肴町の祭礼移動屋台を描いたものである。蛸を大漁予祝の呪いとするのは房州(本書IV-3「踊る蛸・担がれる蛸」参照）だけでなく仙台にもあるのである。ほかにも見つかるに違いない。

よく知られているのは九十九里浜への地曳網の伝来、御宿への八手網伝来であるが、蛸壺漁もまた紀州から大原岬町への直伝という（山本・越智、前掲書）。私は房総のわら蛸が海とのかかわりで形づくられた関西民俗の一つであると推測しているわけではないが、日本列島全体のなかでわら蛸を考えていく必要があると考えている。しかしながら現実の私には列島はおろか対岸の神奈川など隣接地においてわら蛸がどのようなあり方をするのかさえ調査に着手する気力も体力もない。すべて今後の研究を待つだけである。今の私にすぐにできるのは、たまたま管見に入った近畿内陸部のわら蛸、有明湾奥のわら蛸のほか、南西諸島の古俗に蛸を甚だしく恐れる妖怪がいて、その妖怪を避けるため戸口に蛸を吊したり、蛸の語による呪文が行われたことについて紹介するくらいのことである。

5◉蛸の霊力

伊賀と大和のわら蛸

海を離れた内陸部において海洋生物タコを模したわら製品を呪物にして下げる事例は『日本民俗文化大系』8、四七頁に三重県上野市(現・伊賀市)菖蒲池の「勧請縄」が写真で示されている。勧請縄というのは近畿地方で綱つりをいう語である。前項で記した千倉の三か所は海付き村ではないが、海から遠く離れているわけではない。それに対し、菖蒲池はまったくの内陸山間部に立地する。同地が上野市であった時期に刊行された『上野市史 民俗編』下巻によると、毎年二月七日、上野盆地の南部、古山郷の国道三六八号線沿いにあるトコナメ池の端に掛ける勧請縄のことであり、大縄から箒・瓢簞・鍋つかみ・真中に十文字を入れた輪などのわら細工を下げるとある。また勧請縄の根元に立てる御幣や祈禱札、「急々如律令」の文字と五昴星《ごぼう》(五芒星)を書き込んだ札などについての言及もあるが、わら蛸には触れていない。しかし同書口絵カラー・グラビアと本文中の写真二―二八に各々わら蛸の存在を確認することができるので、菖蒲池の勧請縄にわら蛸が付くことは疑いない。

また伊賀県民局生活環境課に事務局を置く、伊賀暮らしの文化探検隊が発行する『暮らしの文化探検隊レポート』二巻、四巻によると、菖蒲池では長さ二〇メートルの縄から鍋取り・鍋敷き・酒樽・瓢箪・鯛・御幣(縄と紙の二種類)・御札・草履・蛸・箒?を下げるという。御札は勧請縄の中央に下げ、表面には「天下泰平、区内案隠、五穀豊穣、除災招福」と書き、裏面には「急々如律令」の五文字を中に挟んでその左右に陰陽道の呪符であるセーマン(五芒星)と横五本、縦四本の棒を井桁状に引いたドーマンを描いている。

市史と探検隊レポートによって菖蒲池で吊す勧請縄の概要が判明するが、「真中に十文字を入れた輪」(前掲『上野市史』)というのは近江地方で勧請縄の中央に下げる呪物で近江の研究者が「トリクグラズ」と呼んでいるものに該当する(西村泰郎『勧請縄』)。実見していないので断言はできないが、探検隊レポートが鍋敷きとするのもこれであろうか。

重要な論点は、わら蛸を下げるのは伊賀盆地のうち菖蒲池だけであってほかに類例がないことである。すなわち前掲『探検隊レポート』によると、伊賀で掛ける勧請縄十一か所のうち、わら蛸を下げるのは菖蒲池だけであり、また同じ海産物である鯛を下げるのは菖蒲池と長田(旧上野市域)だけなのである。しかも山間盆地という生活空間においてなぜ海洋生物の蛸・鯛が呪物とされるのか、その由来や意味について特別な伝承とか意味づけは記されていない。

勧請縄を吊す位置について、菖蒲池のばあい「山の川が村の南部から北流しており、この川の下流すなわち北方から邪霊が来ることを防ごうとする心意がある」(上野市編『上野市史 民俗編』上巻)ことが指摘されている。また菖蒲池の南東に位置する東谷(旧上野市域)についても、集落へ病気を運んでくる北風が吹き込むところに張ると称している(同前、下巻)。どちらも北風とのかかわりをいうのであるが、あくまで位置についての考察にとどまり、わら蛸をなぜ下げるのかの説明にはなっていない。改めて探検隊レポートを参考にしてみると、伊賀の勧請縄はところによって縄の長さ、下げる呪物の種類がまちまちであり、地域としての統一性とか共通認識にひどく頓着しない感じを受ける。菖蒲池のわら蛸は邪霊を吸い取ってもらうという程度の個別的なもので深い歴史的背景はないように思われてならない。

大和にも参考にすべき事例が存在する。一九七〇年代初頭の状況と思われるが、勧請縄について「昔は市内でもかなり広く行われていたようであるが次第に廃れて今は東山中にのみ、やや濃厚な残存がみられる」とし、代表的な慣行地として大柳生《おおやぎゅう》(正月七日)、中畑・誓多林《せたりん》(八日)、忍辱山《にんにくせん》(十日)、興隆寺(二月七日)をあげている(奈良市史編集審議会編『奈良市史 民俗編』)。

このうち大柳生町は白砂川両岸の山裾に連なる七つの垣内《かいと》から成っていて、大西、下出両垣内以外で勧請縄を掛けていたが、上出では早くから廃れてしまい、上脇・下脇・泉・塔坂に残るだけであるとし、各々の概略を紹介している(同前)。

また一九八六年刊行の奈良県史編集委員会編『奈良県史12　民俗(上)』の「カンジョウカケ」の項も、奈良市だけではなく、県下の広域について勧請縄に言及している。

右にあげた市史、県史の民俗編にわら蛸を勧請縄に下げることは全く記されていない。ところが大柳生町を訪れた人のブログに、勧請縄の中央にわら蛸を下げた写真を複数例見ることができる。一例をあげると、「愛しきものたち――奈良市大柳生町泉垣内の勧請縄」であるが、示された写真は八腕を広げた蛸のわら飾り以外の何物でもないのである(インターネット・サイト「愛しきものたち」二〇一四年一月十三日アクセス）。

そればかりではない。東京女子大学民俗調査団が一九九七年二月に実施した大柳生町民俗の補充調査でも、「タコは海のタコを表しており、三つ編みの足を八本作ることは、最も苦労する」（上脇垣内フジイの森）とか、「立派なタコを吊している」（下脇垣内）、「中央にタコがあり、三つ編みの足が八本ある」（塔坂垣内）などのことを記録しているのである（東京女子大学民俗調査団編『大柳生の民俗誌』）。「泉の勧請縄は、太く、しっかりと編んである。太い縄にさらに細い縄が巻き付けてあり、シデの残りかと思われる白い紙が所々についている。中央に大きなタコがあり、タコより左側に榊の枝のみが三本吊してあった。木に近い右端の縄の部分に、御幣がさしてあった」という記述に至っては、前掲ブログの写真と基本的に一致する。つまり大柳生町では各垣内で独自の勧請縄を作るのであるが、勧請縄の中央にわら蛸を共通して下げるというのである。この風物を目撃した人が大柳生町の伝統行事、あるいは大和路の遺風としてブログを開示し、ブログにアクセスした人は悪霊や災厄を蛸に吸い取ってもらう民俗行事かと得心する図式ができているのである。

しかし、右に述べられている「蛸」は海洋生物のタコとは無関係であり、その実体は勧請縄の中央に吊す球形のわら玉「フクノタマ」または「フングリ」に由来するのである。上脇の役師《やくし》で掛ける勧請縄のスケッチ図が前掲『奈良市史　民俗編』に示されている。この図を見ると、勧請縄の中央に白幣を立て、その下に「さらし首のような径二〇センチぐらいの」フクノタマを吊している。そのわら製フクノタマから「六つ編みにしたワラの足を八本ばかり垂れてあるところからタコともいう」とあるとおり、フクノタマは形状の類似から「タコ」の別称が生まれ、そう呼ばれつつ時間が経過するうちに作り方も「蛸」そっくりになり、名実共にわら蛸となっていったのである。大柳生町のわら蛸のまことの姿は「タコ」と俗称されるわら玉「フングリ」なのである。

フングリには錘(分銅)とふぐり(陰嚢)の二つの意味がある。ふぐりには作物の豊穣、子孫繁栄を祈る性器崇拝の側面がある。しかし奈良市忍辱山で分厚い板の分銅が紛失してわらのフングリに替えたといい伝えられることから考えると(同前)、大柳生町のばあいふぐりの可能性はないと考える。

大柳生町の勧請掛けから私たちは何を学習すべきであろうか。日本列島では蛸薬師や蛸地蔵、蛸明神の信仰が広く行われていたのであるから、どこであろうと、そして何らかの機縁によって魔除け、厄除けのわら蛸を立てることが容易に発生してもおかしくない風土であることがその一つである。本稿の目的にとっての教訓は海村的風習すなわち海付きで暮らす人びと、あるいは海と深くかかわって暮らす人びととの間で崇められるわら蛸にだけ対象を絞って立論していくという「選択」なのである。

有明湾奥のわら蛸

かねてより平川敬治氏が研究している有明海におけるわら蛸について紹介する。水天宮というと東京に住む人にとっては日本橋蛎殻町二丁目に祀られている安産、子授けの神であるが、東京の水天宮は全国に分布する分社の一つであり、総本宮は筑後川の水辺、福岡県久留米市にある。安産祈願の腹帯を受ける信仰のほか、梵字の護符を入れたひょうたん形の容器を子どもの首にかけて河童《かっぱ》封じ(水難除け)とする風習があることで知られているが、これと別に河童封じにわら蛸を立てる風習も伝えられている。

筑後川は久留米よりさらに西南流して有明海に注ぐが、平川氏によると有明海の湾奥部、福岡県柳川市近郊の干拓地を含む臨海地域では旧暦四月十五日の水天宮祭にわら蛸を作り、その頭に鯔《ぼら》を入れて、御神酒入りの徳利と一緒に竹竿にくくりつけて水路の岸に立て河童除けにする風習がある。ただし同じ筑後川流域でも、他の地域になると魚、鰹節などをわらで包むだけであり、蛸の形に作ることは見られないという(平川敬治『タコと日本人』、田主丸町誌編集委員会編『田主丸町誌　第一巻　川の記憶』。昔はハヤ、今はキビナゴで、旧四月十五日の川祭りに河岸に立てる)。この地域の無数に張りめぐらされた水路は、水不足に悩まされるこの一帯の水稲耕作にとって不可欠な存在なのであるが、車両による陸上の交通事故より水路の事故の方が危険性が高く、水難除けが切実な地方問題になっていると平川氏は河童除けのわら蛸を育む風土に注目している。

また平川氏は柳川市沖端の水天宮において、水天宮祭の時期に氏子が水難除けのわら蛸を作って奉納することが行われるといい、木に掛けたわら蛸の写真を示している(平川、前掲書)。

わら蛸の河童除けが干拓地を含めて海に隣接している地域だけに限られ、筑後川一帯に広がっていないのはなぜか。平川氏は海に近く農民だけでなく漁師も住むこの地域の物産に由来すると考え、潟地に生息するイイダコを漁獲することや、柳川周辺で水田のミズイモ栽培が盛んであることに注目して、海の豊穣の象徴として蛸を考え、食における海と陸の一連性を構想するようである。ただし蛸を象った河童除けの分布がなぜ臨海地帯だけなのかについては、明確でかつ最終的な結論にまで達していないようである。

こうした平川氏の研究をみると、筑後川と矢部川とにはさまれた水郷柳川辺りには、河童を酒食でもてなして水難を免れようとする俗信と、河童を好物で誘き寄せておき、蛸によって威嚇し、その界隈に河童を近づけさせない俗信の二系統があったことになるのである。後者の俗信は河童が蛸を恐れるというのであるが、南西諸島には河童ではないが蛸を恐れる妖怪の存在が知られているので、参考までにそのことにふれておく。

蛸を恐れる南西諸島の妖怪

蛸を畏怖する妖怪は琉球諸島でキジムン(キジムナー)、薩南諸島でケンムンと呼ばれ、古い大樹の穴に住み赤毛の長髪、赤ら顔、長い手足の小童という姿で現れる。魚を獲るのが実にうまく、魚の左目が好物である。火の側に寄ってくる性癖があり、また松明を持って海や山の端を歩くと伝承される(沖縄大百科事典刊行事務局編『沖縄大百科事典』上巻、渡邊欣雄他編『沖縄民俗辞典』)。

この妖怪については折口信夫、伊波普猷《いはふゆう》、渡嘉敷守らの先学による先行研究がある。ただし筆者の関心は妖怪そのものではなく、その属性のごく一部、すなわち古くはこの妖怪と聞いただけで青ざめる人がいたというほど人が恐れたのであるが、その妖怪が蛸を大の苦手とするところから、蛸を利用してその妖怪を退けるという三者関係に関する部分だけである。正当性のない理由なのであるが、先行研究にはふれずに先を急ぐことにする。

まず人はなぜキジムン・ケンムンを恐れたのかというと、この妖怪には特定の人や家と結びついて大漁や富をもたらす側面があるが、一般的には危険、有害であったからである。石川純一郎の著書によってその輪郭を整理してみると、闇夜に指先に灯をともす、頭上の油で青い灯をともす、山中とか夜の暗闇で姿を消し、あるいは別のものに姿を変えて人にまといつくなどの怪異を働くほか、妖怪の悪口をいった人を危めたり、邪険《じゃけん》に扱うと仲間が仇討ちに集まってきて家を荒らし回ったり人を危めたりする。さらに人の運命定めをして災難に突き落とすとされたのである。夜の峠歩きに魚をたずさえ持つとケンムンが食いにくるとか、人の取った魚の目を抜くという悪戯めいた類にとどまらなかったのである（石川純一郎『新版　河童の世界』）。

そもそも初め海に住んだこの妖怪が陸に上がってガジュマルに住むようになった理由そのものが蛸を嫌ったためとされるように、蛸をひどく忌避するのであるが、石川純一郎氏がその具体例を民俗調査報告から抽出している。すなわちこの妖怪を退ける方法は琉球諸島では大体決まっていて

テイヤァチャーたっくわあされみ（手八つを投げつけてやるぞ）
熱い鍋蓋たっくわされめ（熱い鍋蓋をひっ被せてやるぞ）

などと唱え言をすればキジムンが退くとされるという。手八つが蛸のことであるのはいうまでもない。またキジムンが寄りつかないようにするため柱にチャサッァ（蛸）を掛けることもある。

鹿児島県大島郡の阿鉄でも、漁の最中にケンムンが来たら、「ヤツデウマル（タコ）をたくさん取っている」といえばたちまち逃げるとか、奄美群島の加計呂麻島で魚貝がいっぱい取れたら「ミツタコじゃが」と叫んで後ろに何か投げるとケンムンが離れるので、後ろを見ずに帰るのだとする。また薩南においても蛸を小屋の軒に掛けてケンムンが近づけないようにすることがあるという（石川、前掲

書)。

以上のように沖縄諸島、奄美群島に人間がキジムン・ケンムンを恐れ、キジムン・ケンムンが蛸を恐れるという関係が成立していたことは疑いないのである。この妖怪は頭に皿があるとか相撲を好むとか河童に似た性格をもつがあくまで一面にすぎず、河童は河童、キジムン(ケンムン)はキジムン(ケンムン)であって別物なのである。河童は水難に関係するが、キジムン(ケンムン)は水難に関係しないという違いもある。ただ有明海の湾奥でどうやら蛸が河童封じの役に立つと信じられており、他方南西諸島では蛸がキジムン(ケンムン)封じにききめがあると信じられているので、蛸がもつ力によって災厄を防ぐという点では通底するものがある。

さて、海匝地域の辻切りを調査した八杉真帆氏が辻切りに吊すわら蛸について、「昔は本物のタコを下げて腐らせ、その悪臭のために疫病神などが近寄って来られないようにしていたが、のちにわらで代用するようになったのではないかという話も聞かれた」と採訪談を紹介している(前掲「海匝地区の辻切り」)。私自身も飯岡歴史民俗資料館を尋ねた折、辻切りの縄にわら蛸を下げる理由について、蛸は「入道で強いから」とする他に、横根において「蛸の臭いを嫌ってモノが憑いてこない」、「蛸は臭い」などと話してくれた人に会っている。この「臭い」というのをその当時、臭気の他に胡散《うさん》臭いとか怪異めくという意があると感じたのであるが、南西諸島で蛸をとってきて戸口に掛けて妖怪を除けるという民俗例を読んでからは、活蛸を戸口に掛けて疫病神あるいは災厄を防ぐとする考え方も放棄する必要がないと思うようになっている。

日本人が蛸に言寄せる見えない力を厭勝《えんしょう》(おさえ鎮める威力)とか、霊力ということもできるし、呪術ということも自由である。用語はともかくとして、房総のわら蛸、有明のわら蛸、南西諸島の蛸に通底する、蛸によって災厄、妖怪を退け、暮らしの平安と弥栄《いやさか》を願う風習が飛び飛びに散在するとなると、つい日本列島をつつむ基層文化の古層中に蛸をかしこみ敬う観念があるのではなどと口走ってしまいたくもなるのである。

Ⅳ　神出鬼没の蛸

1◉東西で異なる蛸踊り

蛸の民俗に関して資料がありそうでないのが大道芸、御座敷余興の「蛸踊り」である。播州清水港で旅僧が蛸の亡霊に頼まれて回向する舞狂言「蛸」、コミックな舞踊「漁師」、義太夫「海女」、上方落語「蛸芝居」など蛸の登場する芸能がいくつかあるが、大道芸の蛸踊りとなると思い浮かぶのは戦前まであった大阪は四天王寺(大阪市天王寺区)の春秋彼岸に境内亀の池前に出た大道「俄《にわか》」の「タコタコ踊り」くらいである。明治時代「山行き」ともいった一日掛けの天王寺さん詣でを回想した一柳安次郎「天王寺詣の思出」(『上方』第一巻第三号)に見聞が残っている。明治二十年頃の見聞である。タコタコを遠巻きにして見物する群衆を描いたスケッチがついていて、観衆中に賃借りした覗き眼鏡でタコタコを覗く人が見られる。

また大阪の洋画家小出楢重《こいでならしげ》(一八八七—一九三一)の随筆集『めでたき風景』にも父親につれていかれた春の彼岸の天王寺の繁盛を回想した一文があり、なかでも覗き眼鏡を借りて覗いた「蛸退治」に興味をうばわれ、なかなか動かず父親を手こずらせたことをスケッチ付きで記している(櫛田仁美氏の教示による)。スケッチに羽子板形の板に切り子のレンズを入れた「蛸めがね」も描かれている。これで覗くと光は分解して虹となり、無数の蛸、無数の大将となり、「蛸と大将と色彩の大洪水である」

と小出はつづっている。

　池田萬助氏らによると、「タコタコ踊り」は「タコタコ」とか「タコタァコ」と呼ばれ、蛸踊り・恵比須の鯛釣り・刀剣のちゃんばらの三部から成った。まず一人が八本足のついた円筒形の蛸の張りぼてに入り、別の一人が鳴り物を叩きながら「たこ・たこ」、「たこ・たこ」と囃《はや》すのに合わせて面白可笑しく踊る。次に恵比須の張りぼてに変え、鯛の張子を持って「恵比須さん鯛釣った」と囃す。最後に腰に張りぼての馬をつけた武者が登場し、竹光《たけみつ》を持って同じ扮装をした武者を追いかけ剣劇を演じて終わるのである。これを「たこたこ眼鏡」という「八角形で十二面に見える覗き眼鏡で覗くのである」(池田萬助・池田章子『上方の愉快なお人形』)。同書には、博物館さがの人形の家(京都市右京区)に展示されている「タコタコ踊り」の玩具が写真で示されている。牧村史陽編『新版 大阪ことば事典』に、この滑稽寸劇を覗き眼鏡で覗く図入りの解説がある。覗き眼鏡は「まさかど眼鏡」とも称した(同前)。柄のついた羽子板形や八角形の板にレンズがはめこんであり、これで覗くと画像が何面にもだぶって見えるのである。

図 4–1　小出楢重の見た「蛸退治」の見世物.

　後になると日清戦争(一八九四—九五)の影響を受けて騎馬武者のちゃんばらではなく、戦争活劇に変わっていった。大阪府立中之島図書館所蔵、川崎巨泉遺墨『玩具帖』一巻五二号、一二三頁「天王寺タコタコ人形」に二種の「毛植《けうえ》人形」が示されている。毛植人形とは人形の本体に馬毛を植えて立つようにした人形のことである。一つは鯛釣り恵比須であり、他の一つは眼鏡を掛けた兵士であり槍を持って騎乗する。頭に練物の赤い蛸の被り物を載せているところがタコタコの名残であろう。覗き眼鏡は戦災を境に滅びたというが、「タコタコ踊り」も同時に姿を消したのかどうか正確に明記する資料は見当たらない。

上方の「タコタコ踊り」に対して江戸ではどうであったのか皆目見当がつかないのは、芸能が私の得手の分野でないことによるのかもしれない。ところが幸いなことに蛸踊りを示す錦絵があると櫛田順子氏が知らせてくださった。

迂遠《うえん》なことになるがまず江戸の月見から話を始めなければならない。天保九(一八三八)年刊行『東都歳事記』三、七月二十六日の項を見ると、海手の築地《つきじ》や洲崎、高台の湯島天神・九段坂・目白不動尊・日暮里諏方の社などに人びとが集まり東京湾に浮かび出る月の出を待ったが、芝高輪・品川が盛観の第一であると記している。すなわち旧時の芝車町大木戸から品川八ツ山下辺りが江戸随一の月見の名所とされていたのである。二〇一六年五月、甥の家の結婚式出席のためグランドプリンスホテル高輪へ赴いたが、高層ビルが立ちはだかり昔日の景観はない。しかし高輪、さらに高輪に続く三田の山上がかつて東京湾が眼下に開ける湾岸の風趣に富む所であったことは一九五七年、三田卒の私にはよく実感することができる。逆に山手線の車窓からは三田山上の慶應義塾大学旧図書館の赤レンガを見ることもできた。それで高輪が海上に浮かび出る月を遥拝するのに好適であったということはリアルに納得がいく。

さて月見ではあるが、本来は特定の月齢の夜に海岸に筵を敷き、念仏を唱えながら上に月が浮かぶのを待って遥拝する信仰的な「月待講」であり、四代将軍家綱の万治年間(一六五八—六一)頃より始

図 4-2　蛸の着ぐるみを身に着けた男.

まったという（東京都港区『港区史』上巻）。月待講は二十三夜であることが多く、略して「三夜待」とか「三夜講」と呼ばれたが、江戸では二十六夜に行ったので「二十六夜待」と称した。なかでも旧暦正月と七月のそれは阿弥陀三尊（阿弥陀如来とその左右の脇侍、観世音と勢至の二菩薩）が姿を現すとされ、これを拝むと幸運をさずかると信じられた。予定された時に仏が出現するというのであるから、ポルトガルのファティマで予言により聖母が出現した奇蹟（一九一七年）に通ずる心意を感ずる。ただしファティマでは大聖堂が建立され、カトリック信者の巡礼地へと発展をとげたのに対し、江戸の二十六夜待は遊山の要素を強め、信仰色を薄めていったのが特徴である。寒気を理由に天和二（一六八二）年に正月の二十六夜待が姿を消し、残った七月のそれも納涼、遊興の場と化していったからである。

さて江戸の二十六夜待が最高潮に達したのは天保年間（一八三〇―四四）とされる。ちょうどその頃刊行された『江戸名所図会』巻之一、長谷川雪旦筆「高輪海辺七月二十六夜待」を見ると、食べ物を売る屋台が海辺に多く立ち並び、集まってくる群衆の往来で最高に賑わい、また舟を浮かべて月の出を待つ人も出る光景が描かれている。また一立斎《いちりゅうさい》広重すなわち初代歌川広重も「東都名所高輪廿六夜待遊興之図」を残している。これは天保末期、大判錦絵三枚続の作品で、海岸に小屋掛けの茶店や食べ物を売る屋台が続き、遊山客・芸人・歌妓・駕籠《かご》舁きなどが群集して月待ちをするパノラマ風の景色が描かれている。蛸踊りを示唆するのはこちらの錦絵である。

遊興図を解説した西山松之助氏は「右の図には三味線箱を持って行く人、締太鼓・太鼓・三味線・拍子木を持った男たち、中央の図には三味線と歌本を持った二人連れの男、駕籠舁、左の図には太鼓・三味線を持つ人、蛸の道化姿をした男、女芸者たちの集団が描かれている」(『秘蔵 浮世絵大観3 大英博物館Ⅲ』)と記している。なるほど汁粉・団子を売る屋台の前を行く芸人・歌妓に交じって、蛸の道化姿が見られる(図4-2)。

改めて見ると、一人の男が向こう鉢巻きで大きな目とひょっとこ口をしたまっ赤な蛸の着ぐるみに頭と両手を通し、残り六本の足で腹から下をつつんでいることが分かる。獅子舞がかぶる獅子頭を想像していただければよい。これが広重の想像ではなく写生であるという保証はないのであるが、上方の張りぼてと違い、リアルな蛸の着ぐるみをまとって滑稽を演じる寸劇が江戸にもあったのかなと思わせる。読み返してみると、三田山上がかつて江戸随一の月見の名所高輪に続く高台であり、江戸湾(東京湾)が前面に広がっていたことを書いておきたいと思うあまり本題である江戸の蛸踊りの方がぼやけてしまったようである。そもそもが蛸の飴売(一六頁参照)のような蛸踊りの同時代史料を探すことは、私の力量をはるかに超えているのである。識者の御教示を仰ぎたい。

2◉蛸猿の仲

土人形「蛸と猿の力競べ」(図4-3)は、旧中山道沿いの町、滋賀県東近江市(旧神崎郡)小幡《おばた》町の細居家で作られる「小幡でこ」中の一作である。畑野栄三『全国郷土玩具ガイド3』に載せる小幡土人形の集合写真中に本例を見たことがあり、二〇〇八年一月、西下の折、小幡に立ち寄って求めたものである。

細居家のパンフレット「小幡でこ由来記」によると、小幡人形は京都通いの飛脚をしていた初代安兵衛が伏見人形の製法を習得して転業をはかり、享保年間(一七一六―三六)小幡において中山道往来の人びとや近隣に土人形を売り始めたことが起源である。当主細居源悟氏で九代になる。

さて、本品の寸法は猿の頭頂部で高さ一〇・五センチ、蛸の頭頂部で高さ六センチ、左右一三センチ、奥行四・三センチほどである。先代文蔵氏(一九一二―八九)からの伝聞によれば、海と陸を各々代表する蛸と猿が綱曳きで力競べをする光景であるという。兎が軍配を持って行司役を務める別型もある。またこの人形の型は江戸時代のものであるが、何代目の時まで遡るのかまでは分かっていないという。

日本の動物昔話で蛸と猿がかかわるのは、蛸にはなぜ骨がないのか、その訳を説いた「猿の生肝」

図 4–3　蛸と猿の力競べ.

の話である。鹿児島県の喜界島《きかい》に伝わるのは、龍宮の王様の娘が病気になり、治療には猿の生肝がよいといわれ、犬が猿を欺いて龍宮につれてくる。ところが、途中で蛸と河豚《ふぐ》が猿に肝を取られることを洩らしてしまう。猿は肝を置き忘れてきたと詐《いつわ》り、肝を取りに戻るといって難を逃れる。事を洩らした罰で蛸は骨を抜かれ、河豚は骨を打たれて今のような姿になったというのである（関敬吾『日本昔話集成』第二部 本格昔話1）。同書によると、「猿の生肝」は、普通は水母《くらげ》が骨を抜かれた話、あるいは亀の甲羅はなぜひび割れているのかを説く形で全国に広がっているという。

しかし、「猿の生肝」の類話は薩南諸島の一角だけでなく、蛸がなぜ骨なしになったのか、なぜ足が沢山あるのか、その訳を、あるいは、亀の甲羅にひびが入っていたり、針千本が鋭く長いとげでおおわれていたりする訳と併せて説く形で、さらに南に分布をのばし、沖縄諸島の石垣市、中頭郡与《なかがみぐんよ》那《な》城《しろ》村（現・うるま市）・読谷村《よみたんそん》、那覇市、平良市《ひららし》（現・宮古島市）、宮古郡、八重山郡竹富町《たけとみちょう》などにも分布しているという（前掲『日本昔話通観』第26巻）。ここでは、蛸は計略を洩らした罰として臼で搗《つ》かれてぐにゃぐにゃの骨なしになり、あるいは叩かれて足が沢山になってしまったとされる。しかし小幡人形「猿と蛸の力競べ」は「猿の生肝」やその類話に結びつきそうにない作品である。綱曳きが年占いの意味をもつことを考えると、その年の神意が海における大漁、陸における豊作、そのどちらにあるのかを見てとる予祝神事の象徴とも理解できようが、それは深読みであって、人形作者の動物戯画的な発想から自由に生まれたものと考えたい人もいるに違いない。

蛸と猿を組み合わせた土人形は泉州堺人形中にも認められる。堺人形は今の大阪府堺市西湊町において江戸時代、一説によれば元文年間（一七三六―四一年）、笹治某が伏見から職人を雇い入れて創業し、堺港を往来する旅客、住吉大社参詣客相手の土産物としたのが始まりであるとされる（鷲見東一「堺おもちゃ」）。ただし笹治某を文化・文政時代（一八〇四―三〇）に現れて堺人形の最盛期をもたらした人形作者とする研究家もいる（斎藤良輔編『新装普及版　郷土玩具辞典』）。

明治十四、五年頃に入って堺人形は中絶したが、昭和初年になってから堺の鷲見東一が、死蔵されていた古型を譲り受け、住吉人形の北尾氏に複製を依頼して復興をみたものである（鷲見、前掲論文）。川崎巨泉が一九三三年に刊行した『おもちゃ画譜』第四集に写生画を残している「堺の蛸猿」は、寄贈された複製品を写生したものである。高さ二寸で図4-4に示すように猿と蛸が肩を組んで歩く形を表したような印象を受ける。大阪の画家、川崎巨泉は生涯全国の人形を描き続けた人形画家であり、没後その作品は大阪府立中之島図書館に寄贈された。

> 同地の鷲見東一氏が其古型を探し当て昭和初年頃住吉人形師北尾氏に命じて複製頒布を企てし事あり、本図は当時同氏より贈られしものを写せり、高さ二寸土焼、蛸を丹色に、猿を茶色に彩ったる珍らしき型なり、他に海のものとしては、鯛、海老と鯛、海老と亀其他がある。

前掲『郷土玩具辞典』「堺の土人形」が引用しているところによれば、武井武雄『日本郷土玩具　西の部』は、伏見直系の堺人形は当初、伏見型の踏襲模作であったが、漸次堺を背景として独創的にな

図4–4　泉州堺人形「蛸猿」．堺の蛸猿：泉州堺に元文年間伏見より職人を雇い笹治某が堺人形なるものを創業し，文化文政頃を最も全盛に，明治に至り十四五年頃になって後を絶てり，其型は多く伏見系を用いたりしも土地柄とて海のものを取扱いたるを創案製作せしものも多し．

り、海港のモチーフによって蛸、鯛、海老、亀の類を作るようになったとする。鷺見論文が「伏見はもとより全国何地にもその類例を見ぬもの」として具体的にあげたのは、「蛸猿」の他、「海老負い鯛」、「海老負い亀」、「招猿」、「蟇」などである。堺人形には亀や犬を背負う子どもの人形もある。

改めて巨泉の写生画「蛸猿」を見ると、「蛸負い猿」と称しても誤りではないように思える。「海老負い鯛」と「海老負い亀」はめでたいこと、あるいは長寿の祈願をこめた人形であるとみてよいが、「蛸負い猿」は一体何をモチーフにした人形であろうか。前近代の日本では、猿は日吉《ひよし》山王社の使い神であり、神話の猿田彦や庚申信仰、青面金剛《しょうめんこんごう》などとも結びついていた。また蛸の方は薬師瑠璃光如来や地蔵菩薩の使い神であり、人びとの病苦を救い痼疾を癒す民間信仰にかかわった。この辺りに「蛸負い猿」が題材としたのが何であったのかを解く鍵がありそうにも思うのであるが、それ以上のことは現在の筆者には解明することができない。堺では古くから住吉大社の夏祭、夏越大祓南祭に際し、住吉大社の神輿を迎え、大魚夜市、一名「蛸市」を開き蛸を多く商った。どの家でも「祭り蛸」とか「大祓蛸」といって、蛸を買い求め夏の無病息災を願い食膳に供する習わしであったという。南風の吹く季節で大阪湾の蛸が最も美味な時期（真弓、前掲『住吉信仰』）に当たったのも事実であるが、西日本の「ハンゲダコ」、京都左京区真如堂の「十夜蛸」などと同じく、堺が歴史的に蛸を精神的に食する土地柄であったことも承知している。それにしても「蛸負い猿」は小幡人形「蛸と猿の力競べ」以上に難解な土人形である。

伝統的な土人形のテーマのなかには旧時の素朴な信仰や風習、民俗がそれなりに生きているものである。「蛸負い猿」を買い求めた人びとがこの土人形に何を託し、何を祈念したのか、解明に導いてくれる類例を御存知の方、もしくは蛸と猿をうまく綴り合わせるアイデアが閃く方があれば、ぜひとも御教示願いたい。

〈付　記〉「蛸猿」余聞

拙稿「蛸猿の仲」において、川崎巨泉著画、人魚洞蔵版『おもちゃ画譜』第四集に写生画が残る泉州堺人形「蛸猿」を取り上げ、すこぶる難解な土人形であることを告げて識者の教示を仰いだ。その後、ロジェ・カイヨワ前掲『蛸』によって、マサセイカ（漢字不明）の銘がある幕末の根付に蛸猿を主題にした細工が施されていることを知った。「エロチックな着想からつくられたもので、一匹のメスのサルを蛸が抱きすくめ、一本の触腕でその陰門の付近をいじっているさまを刻んでいる」というのである。

荒川浩和編『印籠と根付』に、天明元（一七八一）年刊の『装剣奇賞』があげた根付工四十五名、東京国立博物館所蔵「根付　郷コレクション」の根付銘約百があげられているが、マサセイカに該当する名はない。

典拠がCollection D. Rouvieresとあるから差し当たって堺人形の「蛸猿」と己が目で比較する手立てがない。しかし、もし堺人形「蛸猿」が根付の蛸と同じ主題で製作されたものであるとしたら、筆者が「蛸負い猿」として想像をめぐらしたのとは異なる、思わぬ方向であるので、一筆付記させていただく。

3◉踊る蛸・担がれる蛸

蛸と猫の知恵競べ

山形県米沢市下花沢の相良家で製作される「相良人形」は、仙台の「堤人形」、岩手の「花巻人形」と併せて東北の三大土人形とされる。このうち相良人形は歴史が最も新しく、江戸中期、安永七(一七七八)年、米沢藩士相良清左衛門厚忠(一七六〇—一八三五)が瀬戸焼量方を命じられたのを契機としている。厚忠は初め花沢において製陶を試みて失敗したが、相馬の製陶を視察し、その知見をもとに花沢で製陶を続けた。しかし花沢の土が製陶に適さないことを覚り、領内に良質な陶土を求めた結果、天明元(一七八一)年に至り成島山の南麓に窯と居宅を移し、工藤某に陶器を焼かせてようやく成功をみたという(米沢市史編さん委員会編『米沢市史　民俗編』)。

相良家における人形の製作については、成島焼に成功した厚忠が伏見人形や堤人形を参考に、子どもたちに安価な土人形をと思い作り始めたと言い伝えられる(同前)。以来、初代厚忠の遺言に従い、代々藩士としての勤めの傍ら、人形作りは相良家だけ、それも冬季限りの内職として継承した(同前)。相良人形が生産地の名ではなく、生産者の名で呼ばれるのは上の歴史的経緯によるものだという。

図4–5　相良人形の蛸担ぎ猫.

さて、二〇〇六年七月、米沢に旅した際、相良家で蛸と猫を組み合わせた人形を入手した。高さ一一・七センチ、幅五・二センチ、奥行五・八センチ、重さは一六五グラムある。相良家では「猫と蛸」と称しているが、蛸が猫の上に乗り腕を猫の首に巻きつけているので、形からいえば「蛸担ぎ猫」ないしは「猫乗り蛸」である（図4–5）。本稿では以下「蛸担ぎ猫」と仮称する。猫は白猫、黒ぶち、前足は蛸の腕に隠れて見えない。黒目の左右を黄色で囲み、睫毛と鼻、足の爪を金、口髭を銀、鼻孔と口を赤で描く。堤や花巻で作られた招き猫と較べると、あっさりとした絵付けになっている。また、蛸の方は全体を赤塗りにし、両眼を白と黒でぎょろりと大きく描く。前面と側面から見える腕には白で鮮明に吸盤を描き、吸盤の中央に金色で一個一個小円を入れている。口も金色にしている。鉢巻きはしていない。目と吸盤を強調した拵えである。

底面に「七代さがらたかし作」とあり、現当主である七代目、相良隆氏の作品であることを示すが、当主が創作した型ではなく、相良家に伝わる江戸期の抜型から製作したものであるという。前掲『米沢市史　民俗編』に、「（相良）人形の型は今でも二〇〇種ほど残っているが、使用できるのは百種位である。昔は自作の型であったというが、残っているのは伏見・堤・京人形の抜型が多い」（同前）とある。ただし「蛸担ぎ猫」が何代目による抜型であるのかは不明である。

ちなみに郷玩人、石井丑之助氏が集成された相良人形の種類を見ると、「熊乗り蛸（自家型）」の名称は見えるが、「蛸と猫」や「蛸担ぎ猫」、「猫乗り蛸」といった類の名称は出てこない（石井丑之助

『続車偶庵選集　土人形系統分類の研究』）。さらに相良人形中に「熊乗り蛸」に該当する人形が知られていない現実を考えあわせると、「熊乗り蛸」というのは「猫乗り蛸」の誤植である可能性が高いように思われる。

ところで、K氏によると、和田誠氏が描く相良人形「猫と蛸」の絵が『週刊文春』（二〇一一年七月二十八日号）の表紙絵になっており、「おかしな関係」と題されているという。猫と蛸という異色の組み合わせに感興をそそられるのは筆者だけではないとみえる。それだけではない。二〇一一年十月九日、TBSテレビの昼番組「噂の！東京マガジン」が招き猫を特集した際、蛸を担ぐ猫の人形も紹介していた。それが浅草仲見世で江戸趣味小玩具を商う「助六」が製造販売する人形であるとすぐにつきとめることができた。後日、助六五代目ご主人、木村吉隆氏より相良を下敷きにして蛸が腕を猫の首に巻きつけない独自の形にした上、小型化したという話をうかがうことができた。

相良の「蛸担ぎ猫」が一体何を主題とした土人形であるのか、これについても相良家には口承がない。日本の動物昔話では、蛸と猫は知恵競べで闘う敵どうしになっている。この知恵競べは昼寝をしている蛸の足を猫が一本食べてしまうことから始まる。兵庫県佐用《さよう》郡上月《こうづき》町（現・佐用町）で語り継がれた「猫と大蛸」は、海岸で午睡中に猫に足を一本食べられてしまった蛸が敵を討とうと思い、もう一本くらいやってもかまわんぞと足招きをしたが、猫が計略を見破って首を左右に振った話になっている（前掲『日本昔話通観』第16巻）。岩手県二戸市の昔話「蛸と猫」では、猫に足を一本齧られた蛸が敵討をしようと思い、眠ったふりをしているうちに本当に寝込んでしまい、足を全部食べられてしまうのである（同前、第3巻）。もう一例あげると、仙台市宮城野区の「タゴの昼寝」のばあい、昼寝中に猫に足を七本食べられてしまった蛸が残りの一本で敵を取ろうと思い、「残りの一本も食べておくれ」と優しい声で誘うが、猫は「その手は食わぬ」と逃げてしまうのである(同前、第4巻)。

この昔話を下敷きにした笑い話が江戸時代に作られており、寛政四(一七九二)年版行『笑の初』などの噺本に出てくるという(稲田浩二他編『日本昔話事典』)。試みに、宮尾しげを編『寛政笑話集』三に収められている櫻川慈悲成『笑の初』を見ると、「たこ」と題して、こういう語りになっている。

蛸余り暑さに橋の下へ出て昼寝をして居る、猫見付け足を七本喰い、一本残して置く、蛸目を覚まし「南無三足を喰われた、悲しや」と向うを見れば、猫空寝入をして居る、蛸川へ巻き込まんと、一本の足でぢゃらす、猫「其手は喰わん」

現代にまでこの類話が語り継がれているところを見ると(松谷みよ子・岩倉千春責任編集『猫と民話』「たこと猫 日本」の項。稲田和子解説「たこの足の八本目」)、間違いなく日本人の間にしっかり根を下ろした動物昔話の一つといってよい。もし相良の「蛸担ぎ猫」が七腕に作られていれば、躊躇なく右に述べた動物昔話を題材にした土人形であると提案するところであるが、あいにくと蛸は八腕に作られているので、仮説の一つにとどめておき、別の可能性を求めて模索を続けていくとしよう。

猫の民間信仰

猫は愛玩動物として時代を超えて人に飼育されてきた。土人形の猫の場合、「小猫」、「立猫」、「豆猫」、「猫と魚」、「猫と鮒」、「猫と毬」などと題するものは愛玩動物としての猫を、また「小猫と遊ぶ禿《かむろ》」や「猫ひき花魁《おいらん》」の類は浮世絵的な風俗を土人形に写したものであり、どちらも玩具、置物として日々の暮らしに楽しみを添えたのである。

しかし猫は人間と親しい身近な愛玩動物であるだけではない。魔性の力が宿ると信じられて、化け猫、猫又《ねこまた》、憑《つ》き物などと恐れられたり、怪談が語られたりする反面、飼い猫がその呪力によって飼い主に恩返しをしたり、あるいは招き猫となって招福、招財に係るなどさまざまな神秘的観念、呪術信仰の類と結び付けられてきたのである。さらによく知られているように三毛の雄猫が天候を予知するとされ、和船時代に航海の守り神として高価に買い取られたり、鼠の口封じを介して市街地、農村いずれにおいても人の役に立ったりした。相良人形を育んだ米沢の地は、縮織《ちぢみおり》の伝来より約四十年おくれたが、文化年間(一八〇四—一八)になって絹織物の織方が根づき、以来藩の産業奨励もあって米沢織と総称される良質な各種絹織物の産地となった(米沢市史編さん委員会編『米沢市史 近世編2』)。米沢の位置する置賜地方が、米沢藩の奨励の下で山形で最も早く養蚕業が興った先進地域であったことが米沢織の支えとなったのである。養蚕で知られた下長井、北條郷には江戸後期に蚕利百両以上の農村が多数分布した(同前)。

日本の養蚕地帯では、猫を財物の一種とみなす時代や地方さえあった。鼠をよく捕る猫が高値で売買されたり(八岩まどか『猫神様の散歩道』)、春に猫市を開いた(阪本英一『養蚕《かいこ》の神々』)というのはそのことを物語る。他方、高価な猫を飼育できる農家ばかりではなかったことや、猫自身が蚕にいたずらをしたり食べてしまう負の側面もあって(八岩、前掲書)、生きた猫の力を借りるのではなく、「猫絵」、「猫石」、「猫の祈禱札」のように(阪本、前掲書)、猫の呪力によって鼠の食害を防ぎ、養蚕の無事を願うことも行われた。

猫を神仏の分身ないしは神仏の使い神として祠堂に祀ることも行われた。米沢方面でいえば、高安《こうやす》にある「猫の宮」(山形県東置賜郡高畠町)は飼い猫の無事成長、病気治癒、死後冥福を祈る祠堂として愛猫家の間で全国的知名度をもつ。その昔、役人に化けて年貢を取っていたことが露見して殺された古狸がいた。その血を舐めた大蛇が古狸に代わって庄屋夫婦を殺し怨念を晴らそうと虎視《こし》眈々《たんたん》と機会をうかがっていた。危機一髪のところで庄屋で飼われていた三毛猫の玉がわが身を犠牲にして夫婦を救った。玉を弔ったのが猫の宮の始まりであるという(中田謹介『猫めぐり日本列島』、八岩、前掲書)。この祠堂も養蚕の盛んであった時代には、養蚕神として信仰された。

また鼠を食べる蛇が蚕神として信仰された米沢市李山《すももやま》の諏訪神社では、蛇がお使い神として信仰され、蛇の絵馬を奉納して養蚕の安全と豊作を祈願することが行われ(前掲『米沢市史 民俗編』)、さらに鷹が鼠を捕るところから鷹を木彫りにした笹野彫「おたかぽっぽ」が鼠除けの呪いとして家々で祀られたりした(同前)。それらを考えると、米沢地方において生きた猫、民間信仰上の猫、どちらも養蚕と結びつかないわけがなかったのである(養蚕家が鼠に神経を尖らせたのは蚕室が整備される以前のことである。また、養蚕業において鼠の害が相対的に目立ったのは蚕の飼育規模が小さかった時代のことだという。阪本、前掲書)。また東日本の養蚕業では女神を象った土人形「蚕神」を神棚に祀る風習があった。川崎巨泉著画『おもちゃ画譜』第六集に、山形市平清水の人形師が製作した蚕神が見られる。金冠をつけ、緑衣、朱袴をまとった女神で右手に桑枝、左手に蚕紙を持って岩上に立っている。巨泉は土人形の蚕神は狭い地方限りの信仰にとどまったとしている。これに対し木戸忠太郎は、北関東で養蚕の縁起物として歓迎された張子の起上りダルマが東北地方ではそれほどではなく、普通の縁起物としての張子ダルマの需要に及ばなかったのは蚕神が作られたことにもよるとしている（木戸忠太郎『達磨と其諸相』）。

しかし、本稿の研究対象である「蛸担ぎ猫」は単体の猫ではなく、蛸と組合わせの土人形なのである。猫だけでなく、蛸とセットで考察していかなければならない厄介があるのである。もし蛸も鼠の天敵であれば「蛸担ぎ猫」は鼠除けの強力タッグ・チームということで、問題は一挙に解決に向かうことになる。

蛸が鼠から受けた恨みを忘れず、不倶戴天《ふぐたいてん》の敵として鼠を待ちかまえているという動物昔話がある。ある日、鼠が海へ魚釣りに出かけたが、船が沈没して溺れ、死にそうになった。幸い蛸に助けられ、頭に乗せてもらって陸へ向かった。ところが、途中で鼠はオシッコをしたくなり、蛸の頭の上でそっとオシッコを流してしまった。別の話ではお腹が減ってきて、蛸の頭の毛を抜いて食べてしまったともいう。海岸に着くと鼠は岸に飛び降り、やがて蛸が岸から離れていくと、恩知らずにも「お前の頭はオシッコだらけ」、あるいは別の話では「頭がハゲになっているぞ」と叫んだのである。怒った蛸は陸へ駆け上がって鼠を殺そうとしたが逃げられてしまい、すごすごと海へ帰っていった。以来蛸は祖先が鼠から受けた恨みを忘れず、鼠がやってきたら捕まえようと待ちかまえているのだというのである（石毛直道「タコのかたきうち」、藪内芳彦編著『漁撈文化人類学の基本的文献資料とその補説的研究』、

T. F. Kennedy, *Fishermen of the Pacific Islands.* Wellington: Reed Education, 1972)。

ところがあいにくとこの動物昔話は日本のものではなく、これを紹介した石毛氏によると、南太平洋のトンガ、サモア、フィジー、エリス諸島(現・ツバル)で鼠の形を模した蛸釣り漁具とセットになって語り継がれているというのであって、「蛸担ぎ猫」の謎解きには役に立たないのである。

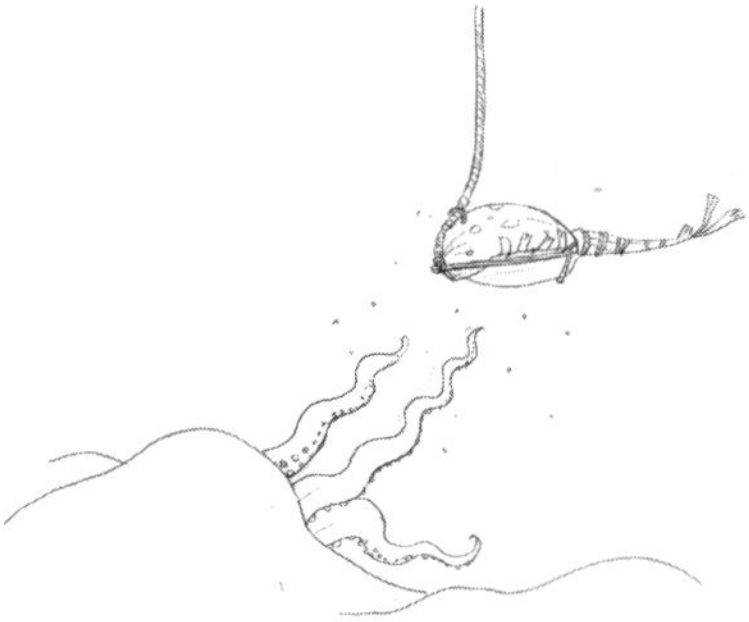

図 4–6　貝殻と石錘を利用して鼠の形を作り蛸を誘う．この種の蛸釣具はポリネシアで広く見られる．

かくて、「蛸担ぎ猫」の題材を俄かに明言することは難しいのであるが、土人形「瓢箪抱き」や「熊乗り」の伝にならっていうと、仮説的にであるが、蛸の霊力、呪力にあやかって大切な猫の病気除けを願い、ひいては養蚕の豊年を祈ったものかとも思うのである。

米沢城下に子猫の無事成長を祈願する風習があったことは、五十騎《ごじっき》町の「猫明神」にその例がある(前掲『米沢市史 民俗編』)。猫はウイルス、寄生虫、ノミ、インフルエンザなどによって腫瘍や脱毛、咳、鼻汁、涙目、下痢、嘔吐、便秘、その他の諸病にかかるので、飼い主にとっては健康管理だけでなく病気除けの信仰もまた日常の大事であったに違いない。前近代の日本人が蛸に仮託した呪力、霊力については、Ⅲ-3「蛸の「類感呪術」」でその一端にふれたとおりである。蛸を担ぐ猫の土人形を、蛸の呪力によって鼠封じに役立つ猫の病気除け、無事成長を願う呪物と仮説的に考えることも悪くはないのである。しかしもう一踏ん張りして思考をめぐらしてみると、蛸と猫を結ぶもう一つの回廊が見えてくる。

福を吸いつける蛸

前述した「助六」の五代目、木村吉隆氏は、二〇一一年十二月になって著書『江戸の縁起物』を亜紀書房より刊行された（『三田評論』二〇一二年三月、執筆ノート）。木村氏は蛸が招き猫同様、招福の縁起物であると考え、その根拠として蛸が邪気を祓う赤色であり、かつ八腕がめでたい末広がりに通ずることをあげている。筆者が構想する第三の仮説も、結論からいえば、木村氏と同じように蛸が人間に福徳、吉祥をもたらすと考えるものであるが、その理由については、蛸のそれは吸盤が吉事を吸いつけるところに由来すると理解したいのである。

腫物や膿汁を吸い出す膏薬「タコの吸出し」はよく知られているが、蛸の吸盤は毒気を吸い出すだけでない。好事を吸い寄せて人間に福徳、開運を授けてくれるとも信じられていた。その痕跡が南房総の絵馬に残っている。千葉県勝浦市にある黒汐資料館収蔵、天保十二（一八四二）年以降の蛸絵馬二百点近くがそれである。もとは千葉県鴨川市にあった日蓮宗寺院の薬師堂に奉納されていた絵馬である。この絵馬を実地調査された刀禰氏は、蛸が魚を吸いとるという信心から、大漁を祈願して蛸の小絵馬を奉納した事例について多数報告されている（刀禰、前掲『蛸』）。具体的には蛸が「大漁」と記した扇子を持つ、蛸が魚を吸いつけている、二匹の蛸が魚を竿にさして担ぐ、蛸がイカを吸いつけるなどの図柄であるという（同前）。

二〇〇四年十一月、筆者が黒汐資料館の漁村コレクションを見学する機会を得た時、開設者であり隣接する旅館、臨海荘の御主人でもあった矢代嘉春氏は既に物故されており、蛸絵馬について直接教えを乞うことができなかった。ただし、扇面に「大漁」の二字を記した扇子を広げ持った鉢巻き蛸が別の腕で鰹をかかえる図柄の小絵馬が旅館フロントの壁に掛けてあった。この絵馬の奉納者、年代は不明ながら、蛸をおそれ敬い、大漁を蛸に祈願する民間信仰の世界が江戸後期以降の南房総に広がっていたことは確かである。

　また東京下目黒の蛸薬師、正式にいえば不老山薬師寺成就院であるが、この寺院はいぼや眼病平癒を祈願するのが本来である。しかし、後には病気であれ人間関係であれ、ありとあらゆる願いを祈願するようになった。目黒蛸薬師で「異性を見る目が養えますように」と書いた絵馬を二〇〇五年に見たことがある。世間でいう効験にとらわれることなく、自己の望むところを赤裸々に願うのが民間信

図 4-7　目黒の蛸薬師として知られる不老山成就院.

仰の有り様とみえる。その辺りは寺院側も心得ているとみえ、目黒蛸薬師が用意する蛸の小絵馬には「ありがたや福をすいよせるたこ薬師」とあった。ユニバーサル・シティウォーク大阪のたこやきパークにも出店している道頓堀のたこ焼き店くくるの広告文に、「タコの足は八本や――大変縁起がいいんや、末広がり、多幸」とあったのを思い出す。

蛸は招き猫の同類であり、その吸盤で好運や財運など福を吸いよせてくれるのである。蛸すなわち多幸という音通もある。してみると「蛸担ぎ猫」を開運とか吉慶を予祝する縁起物とみても誤りではないであろう。猫の白、蛸の赤という色の配合もこの趣意に似合っている。

以上、①動物昔話「その手は食わん」の土による可視化、②養蚕地という土地柄と土人形の組立て、すなわち熊乗り、鯛担ぎ、鯉抱きなどに示される「類感呪術」の表現とみて猫の病気除けの呪い、さらに、③吸盤の類感呪術と音通の観点から商家が客を呼び込み福を招くとする招き猫の同類と、現段階において筆者の考える三通りの推測について記述した。

図 4–8　柿本神社「オクトパス」

近時、蛸の英語オクトパスを「置くとパス」ともじって、受験合格の御礼や蛸人形などを授けることが蛸の名産地明石の柿本神社などで行われている。柿本神社のそれは、高さ五・五センチ大のひょっとこ口の蛸人形で、体部は赤色、足は金色で、合格と書いた青地の鉢巻きをしめ、当たり矢と「勝」の一字を書いた柿本神社の旗を持つ。足の吸盤が強調されているが意図したものかどうかは分からない。また鳥羽水族館（三重県鳥羽市）には一九五七年、伊勢湾口の答志《とうし》島《じま》で捕獲された千手蛸（八十五腕）を神体として祀った合格祈願の蛸神社が立って、神前に置かれた蛸壺に志望校を書いた札を置くと「置くとパス」で受験が思う壺にはまるという(二〇一〇年一月九日付『読売新聞』NEWSなおにぎり)。受験シーズンに、水族館メインストリートに赤い鳥居を立て、その奥に神社を設置するのであるが、全国紙がとり上げるほどの季節の風物詩になっている。ちなみに「千手蛸」の記録は、的矢《まとや》湾《わん》で一九九八年十二月に捕獲され、志摩マリンランドで百五十三日間飼育された雌の多足蛸(九十六腕)であるという(一九九九年七月十八日付『読売新聞』)。こうした現代解釈と違い、「蛸担ぎ猫」は前近代色の強い存在であるが、蛸を担ぐ猫の主題をめぐり仮説が複数設定できることは、蛸が日本人にとってかかわり深い海洋生物であったことの証にほかならない。

〈付 記〉相良人形「蛸壺」について

右に考察した「蛸担ぎ猫」とは別に、相良には蛸壺を右の脇下にかかえ、足元に大蛸を従えて海浜に立つ童子の人形がある。これについて付記しておくことにする。

米沢の相良人形興芸社が一九七二年に刊行した『郷土民芸品相良人形(総合カタログ)』に、カタログ番号七六、「たこ壺」、高さ一二・五センチ、幅九・五センチとして写真が示されている土人形がそれである。同形の人形を米沢駅二階の物産展示館で二〇〇六年七月に見かけている。

また、国立民族学博物館が収蔵する「相良人形蛸取り」(標本番号H0011351)とするものも同形の人形である。高さ一〇センチ、幅七・六センチ、奥行四・五センチ、一一三グラムというから前述したカタログのいう「たこ壺」より若干小さい。一九七七年の受入れというが、人形の製作年代は不明である。

ところが米沢の梅津宮雄氏によると、相良人形興芸社とは六代相良清氏の従兄弟が一九六七年に興した有限会社であり、相良家に人形の生地だけを作らせ、画家三浦某に絵付けをさせた人形を宣伝、販売したのだという。梅津氏は具体的な例をあげて、伝統相良とは異なる「偽相良」とまで決め付けているのである（梅津宮雄『米沢の郷土玩具』）。

この形をした人形は元来、仙台の堤人形で、「蛸と子ども」と称したものであり、腹掛を着けた男児が右の脇下に蛸壺を抱えて海岸の岩場に立ち、大目を剝いた蛸を足元に従えている（仙台市博物館編『堤人形の美　仙台市博物館図録』、仙台市博物館編『みちのくの人形たち』）。仙台の郷玩人、関善内氏が明治以前における堤人形のリスト中にあげた「蛸と童子」（阿子島、前掲『ふるさとの土人形』）も同じであろう。

堤人形は東北で最古の土人形であり、江戸中期、元禄年間（一六八八—一七〇四）に仙台藩四代藩主、伊達綱村が江戸の陶工上村万右衛門を招き、杉山台（現・仙台市青葉区台原）において陶器を焼かせたことが発端となる。のちに窯業の中心が堤町へ移る。人形製作の創始についての確実な文献史料は乏しいが、享保八（一七二三）年には人形製作が行われていた可能性が高いという（前掲『堤人形の美』）。

また、「蛸と子ども」については、これを製作した人形師の名が判明している。すなわち、仙台市博物館所蔵、本出保治郎コレクション「蛸と子ども」の足型彫銘に「勇」とあって、「庄司屋勇七か庄子屋勇七のいずれかの作品」であろうと指摘されているのである（仙台市博物館、前掲『みちのくの人形たち』）。庄子屋勇右衛門（初代勇七）であれば仙台藩おかかえの瓦師である。斎藤良輔氏によると、勇七親子は、寛延元(一七四八)年頃、始祖、上村万右衛門の没後、一時廃絶していた堤人形を復興し、その基礎を築いたとされる人物である(斎藤、前掲『郷土玩具辞典』)。

寛延元年当時、相良人形はまだ出現していない。個人としては最も多く相良人形のコレクションに目を通されたという石井丑之助氏が列記された相良人形の種類中に「蛸と子ども」とおぼしい人形の名がない(石井、前掲書)。相良で歴代「蛸と子ども」が作られなかったことの証であろうか。この理解に誤りがなければ、戦後になって相良人形興業社が初めて堤の「蛸と子ども」を伝習し、「たこ壺」としたことになる。ただし、相良の種類がすべて確認されていない以上、そうだと確言することははばかられる。今後、人形資料と文書史料をふまえた考察が望まれるが、それは筆者の力の及ぶところではない。筆者がいえることは、暫定的に相良人形で蛸を主題の一部に取り込んだのは今のところ「蛸担ぎ猫」一点だけと推定できることである。

V　縄文人は蛸を食べていたか

——蛸の考古学と私

あわいの世代

昭和生まれには、第二次世界大戦の最中に青年時代をすごした戦中派でもなく、端《はな》から六・三・三・四制男女共学(教育基本法・学校教育法)育ちの戦後派でもない世代がある。と書き始めたが、自分史を綴る積りはいささかもない。時代背景として知っていただきたいだけである。「焼け跡派」(野坂昭如)は被害体験だけが強調されるので気が向かないし、「狭間《はざま》」世代というと萎縮して響くので、馴染の薄い言葉であるが、「あわいの世代」と称しておく。あわいとは漢字で「間」と書く。

昭和七(一九三二)年それに八年の早生まれにとって、当時、国民学校尋常科といった小学初等課程が終了するのは昭和二十(一九四五)年三月であった。それで中学進学となるのであるが、私が出願したのは足立区といっても荒川(荒川放水路)以東にあった東京都立第十一中学校(のちの江北高校)であった。校舎の周りは田圃と畑ばかりで、最寄りの常磐線綾瀬駅は枕木を並べてホームにした仮駅舎であった。電車だけでなく蒸気機関車も走っていたから、石炭の燃えがらが落ちてホームがくすぶってちょろちょろ火を出すこともあった。市街地にある三中(のちの両国高校)や七中(のちの墨田川高校)に較べて安全だろうと父親が判断したからである。志望校を選択するのにまず空襲のことを考慮しなければならないほど戦局が逼迫していたのである。

米空母ホーネットから発進したB25爆撃機が本土を初空襲したのは昭和十七(一九四二)年四月十八日、小四のときであった。当時家が江戸川べりの葛飾区金町《かなまち》にあった関係で、東京を襲ったB25が低空で頭上を飛行して北へ向かうのを目撃している。それまでに見たことのない機体の綺麗な飛行機というのが正直な印象であった。隣町の水元《みずもと》国民学校がそのB25の銃撃を受けて犠牲者が出たことは後で知った。

昭和十八(一九四三)年になると連合軍の反攻が本格化して召集や勤労動員が拡大、小六になった昭和十九年にはクラス全員が大好きであった担任の島田先生も応召してしまった。個人ごとの自主的な疎開だけでなく、八月からは東京で学童の集団疎開も始まったので、クラスはばらばらになったが、逆に旧市域から金町へ「疎開」してくる者もあった。母親が病床にあった関係で私は金町に残留した少数派であったが、校舎の一部は砲兵隊の兵舎となり、教員不足で学校は休業同然となった。小学生は勤労動員を免れたが、町の新聞配達や廃品回収が小学生の役目となった。私が「小学校を卒業していない」と半ば戯《おど》けて言うことがあるのはこのためである。

米軍機B29による本土初空襲は昭和十九(一九四四)年六月十六日、中国の成都から来襲し八幡製鐵所を爆撃したそれであり、東京の初空襲はマリアナ基地からのB29による十一月二十四日の爆撃である。疎開しなかったことで昭和二十(一九四五)年三月九日夜から十日にかけての大空襲を遠くから目撃することになった。B29延べ三百四十四機の東京大空襲によって浅草、深川、本所をはじめ四〇平方キロメートル、二十七万戸を焼き、死者約十万人、罹災者百五十万人の大被害を出す都市攻撃であった。東京の夜空が真っ赤に染まった。使用されたのはF46集束焼夷弾と呼ばれたナパーム弾で、弾体内に焼夷剤を入れた焼夷弾を三十八本束ねてドラム缶のようなものに詰め込み投下する。途中ではらばらになり雨のように降ってきて、着弾と同時に着火して周辺に飛び散る、と一九三〇年生まれの作家、西村京太郎が『東京新聞』連載の「この道」に書いている(二〇一九年八月三十一日付)。

住んでいた金町は東京といっても外れにあって、直接的な被害はなかった。焼夷弾が落ちたのが田圃であって、炸薬が作動せず発火に至らなかったからである。何なのかわからないが、細長い金属の帯が庭の木に引っ掛かってきて、その帯に英語の文字があると父親が見せてくれたのが今思えば英語との初対面であった。母親は満足な医薬の手当てを受けることもままならないまま、昭和十九年も押し詰まった十二月二十三日、息を引き取った。享年三十九という若さであった。江戸川区の瑞江《みずえ》火葬場で荼毘に付したが、その頃には既に陶製の骨壺はなく、代用品の紙製であったと、後で聞かされた。

混乱した状況下で受験生を集めることはとうてい困難と判断したのであろう、東京都は出願を締め切った後、都立中学を無試験とした。それで出願者全員、昭和二十年四月に中学一年となったのである。

中学生になったものの、新学期早々、休暇で帰省した担任の先生が帰省先の空襲で亡くなり、再び無担任となった。都市攻撃が続いたので、B29を迎撃する空中戦を見上げることもあったし、炸裂した高射砲弾のギザギザした裂片が降ってきて、すんでのところで身体に突き刺さるのを免れたこともあった。何月のことなのか記憶にないが、撃ち落とされたB29が火ダルマになって墜落していくのを目の当たりにした。墜落先が学校から綾瀬川を三、四キロ遡った神明町の辺りであったと思う。しばらく経って放課後、残骸の一部を見に行った。散乱する残骸に交じって真新しい赤茶色の革手袋が片方だけ残っていたのが印象的であった。今思うと勝者の側にも命を失った人がいたのである。やがて、艦載機であるグラマン戦闘機までが銃撃に飛来するようになり、電車が止まって徒歩で下校する中学生の新しい恐怖となった頃には、敵機を迎撃する飛行機の姿はどこにもなく、そして間もなく終戦となった。

人の姿をかりた神とあがめられた現人神《あらひとがみ》が人間天皇となり、軍国日本が百八十度変わって民主主義日本となった戦後の混乱と困窮は長く、ひどいものであったが、それにふれている紙数のゆとりはない。本稿にかかわりがあるのは、中三になった昭和二十二(一九四七)年四月、新学制の施行によって都立のナンバースクールは廃止となり、所在地の地名、地域名を名乗ることとなった。旧制第十一中学は江北高校となり、中三は江北高校附設中学校三年ということになった。そして中四になる時はエレベーター式に江北高校一年生になったという次第で、小学校以来、受験を経験せずに高三までを終えたわけである。

高校を一年休学したので、昭和二十七(一九五二)年二月に慶應義塾大学受験となったが、数学がからきし駄目であったので、受験科目に数学のない文学部を選び、幸い合格することができた。一次合格者に対して身体検査と面接試験が行われたが、身体検査には徴兵検査もどきのものが入っていた。M検という術語があることを知ったのは後のことである。

三田のキャンパスは戦災復興が儘《まま》ならないとみえ、二千人収容の華麗なゴシック建築であったという大講堂は終戦目前に焼失したままであり、コンクリートの床だけが残っていた。それで入学式も卒業式も中庭に椅子を並べてしのぐ有様であったくらいであるから、教室も研究室もみすぼらしい限りであった。

高校の部活時代から考古少年であった私は当然のように史学科に進んだ。その頃は考古学という専攻別がなく、日本史・東洋史・西洋史のうち、指導を受ける教授が属す専攻に籍をおく緩い仕組みであった。私は東洋史・民族学の松本信廣教授の指導を仰ぐため東洋史専攻を選んだ。東洋史専攻には松本教授を助けて縄文土器編年研究の権威、江坂輝弥さんが遺跡の発掘を続けていた。したがって東洋史を学ぶかたわら、夏休みに遺跡の発掘に参加するという二足の草鞋をはくことになった。本来ならば先生と書くべきところであるが、あえて江坂さんと書く。慶應義塾では先生は福沢諭吉先生御一人とする慣行があるからだけでない。慶應に考古学ありと世に知らしめたこの大先輩を後輩はみな親しみの情をこめて江坂さんと呼んでいたからである。あれほど学生に対して面倒見がよく、やさしく接する教師に私はめぐりあったことがない。

　こうしてめぐりあった江坂さんは、その当時、東北地方で遺跡の発掘調査に注力中であった。それで何度か発掘に参加させていただいた。江坂さんは貝塚に残ったカキの殻に木の枝がついた痕跡らしい凹みがあるのに目敏く着目して、縄文人が樹枝を海中に沈めてカキ養殖を試みた可能性を思ったり、資源保護の観点から縄文人が動物の雌雄を区別して狩をしていたことを立証できないか、その方法を模索したりしていた。また三陸の遺跡立地を津波との関連で考えたり、遺跡に立つと絶えず天才的な閃きを回らせていた。ただの遺跡・遺物の研究ではなく、先史時代の生き生きとした生活文化を再構成するため遺跡・遺物にその時代の暮らしを語らせようとしていたのであろう。二〇一五年二月八日、老衰のため逝去された。享年九十五であった。ご冥福を祈る。

　発掘の帰路は自由行動であった。私は山村より海村の暮らしに馴染んでいたので、三陸での発掘時にも発掘の余暇や帰路に漁家を訪れるのが楽しみであった。岩手の漁家で「イシャリ」または「イサリ」という自家製の蛸釣具に出合い、やがてそれが卒業論文の題材となるのである。

イシャリと出合う

イシャリはポリネシア考古学でいう結合式釣針(composite fishhook)の同類である。複数の部分から構成される釣針であり、昭和三十年代の初めには、岩手県下の海村でごく普通に見かけることができた。例えば有名な大洞《おおぼら》貝塚の所在する丘陵を大船渡湾へ向かって下った大船渡市赤崎町山口辺りの漁家や納屋にはイシャリがいくつも軒に下がっていた。また陸前高田市小友町矢の浦の獺沢《うそざわ》貝塚近くや、同町塩谷の漁家でも見かけた。

図5-1はイシャリの模式図であるが、①が主幹部となる台木(餌板)であり、この場合、竹材を用いている。この左右に矢羽形の竹製添木②を添え横転を防ぐ両翼とする。

次に台木の下に石錘③をあて、竹そり④との間にはさみ、麻糸を用いて二か所でしっかりと縛る。石錘は短軸両端を打ち欠き、紐掛けの切れ目にしている。次に台木から尖出する股状の脇枝⑤に大型の角鉤⑥を結びつけ、最後に餌を縛る糸⑦と、この蛸釣具を海底で曳く曳縄⑧を結びつけて完成する。すべて手作りであり、特別な工具を必要としない。

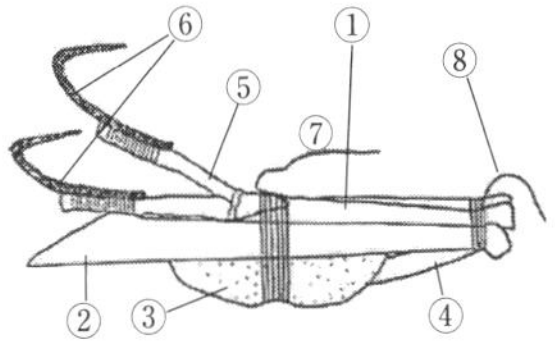

図5-1 イシャリ各部(大船渡市笹崎浜町通の例, 長さ19センチ, 重さ300グラム).

台木(餌板)・錘・鉤の三部分を基本要素とする手製蛸釣具のことは、江戸後期、寛政十一(一七九九)年刊の『日本山海名産図会』四に、伊予国長浜において蛸を釣る「すいちゃう」として図示されている。台木は木片、これに鉄鉤を二個つけ石を添えたものであり、台木に甲をはがした蟹を縛りつけて海中に投ずるのであ

図 5–2　伊予長浜の蛸釣り.

る。この種の釣具を海底にあてながら上下させ、蛸が餌に十分取りついた時にたぐり寄せて捕獲するのである。蛸で重くなったら静かに紐を引くと蛸は餌を逃すまいと抱きつく。しかし水面にくる途中で日光に敏感に反応して離脱することがあるので、鉤にうまく引っ掛けるか、タモで掬うか、うまく引き揚げるのが肝所《かんどころ》となる。明治三十二(一八九九)年の久徳外雄『日本釣漁法全書』、あるいは農商務省水産局編『日本水産捕採誌』中巻、同下巻にもこの種の蛸釣具のことが見られる。

上の両書以外では、明治十八(一八八五)年二月刊行の農商務省農務局『水産博覧会第一区第一類出品審査報告』第六 釣具には、「蛸鉤各種　各地方ノ出品」として、出雲楯縫郡・阿波板野郡・備前和気郡・備前児島郡・越前丹生郡・出雲秋鹿郡・伊勢多気郡・若狭大飯郡の八例が図示されている。この第一区第一類の出品数は合計三千四百五十二点であり、烏賊餌木や天蚕系が花形であったと思われるが、素朴な蛸釣具も少数ながら出品を見たのである(図5–3)。

同図には早くも竹製の餌板から鉛錘を懸垂する新式が見られる(備前・阿波)。鉛錘を使う同類の蛸釣具は安芸豊島に昭和初年頃まで存続しており「たこげた」と呼ばれたが、当時既に消滅しかけていた(『旅と伝説』第十年第八号)。鉛を使うようになると台木と錘を別個に作る意味がなくなり、円筒形

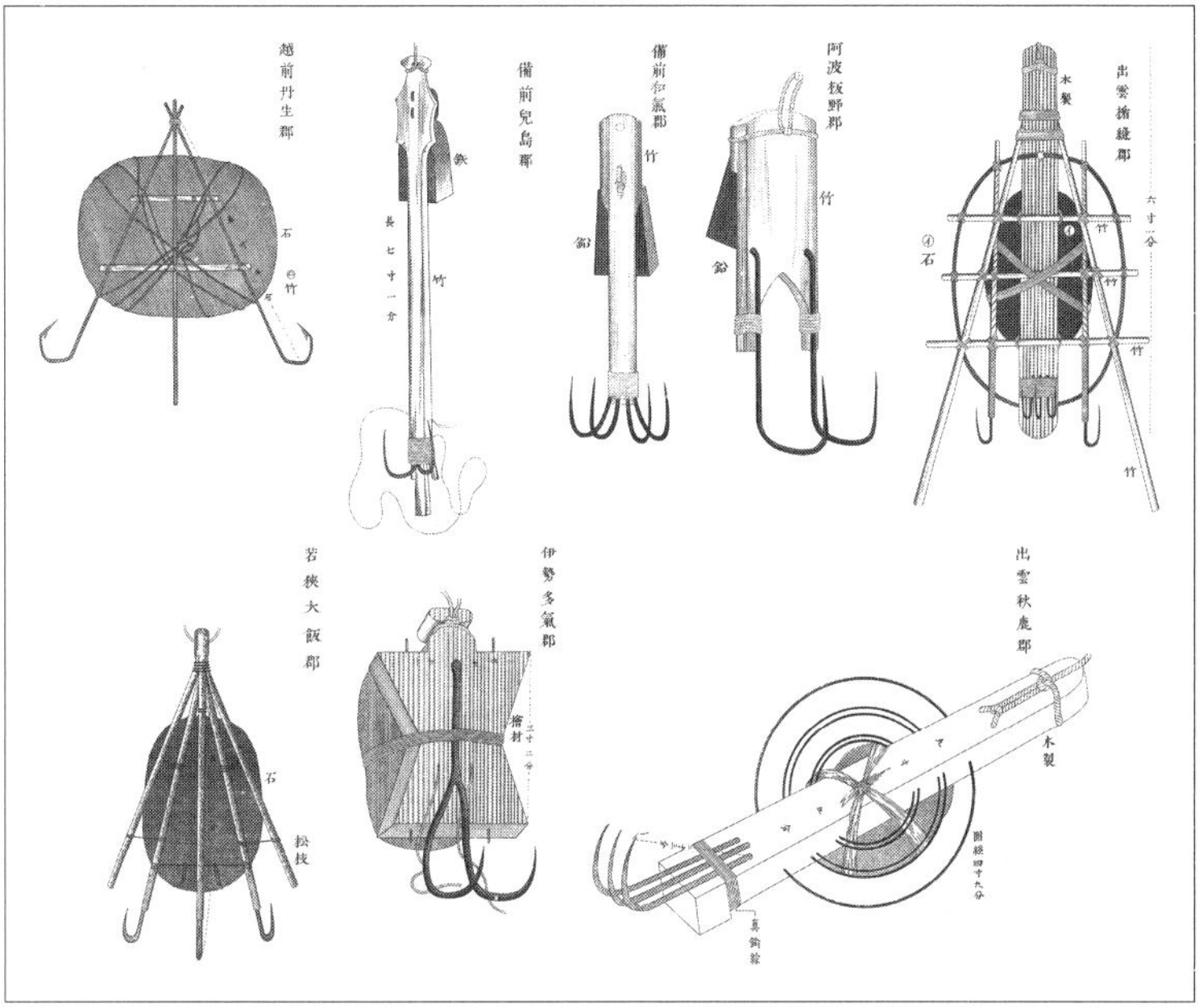

図 5–3　明治 18 年頃の各地蛸釣具．こうした漁具とは別に，白色の陶片やホオズキの赤い果実，赤い布片で蛸を誘い出すことも行われた．

の鉛錘を台木に兼用させ、これに釣針を直接つける形の蛸釣具に変化する。一九四一年の『東京府漁具図集』に八丈島、小笠原諸島方面におけるこの種の蛸釣具が出ている。

鉛錘を使うこうした新式が出現する一方、台木・石錘・鉤の三部分を基本とする蛸釣具がなお広く残存し、図5–3に見るように地方独自の形態を発達させていたことが分かる。図5–3以外でいえば、安房には長さ約三〇センチ、幅約四・五センチ、厚さ一・八センチの松もしくは竹を台木とし、これに鉄釘を曲げた鉤二本をつけ、石錘をくくりつけた簡単な蛸釣具があり（前掲『日本水産捕採誌』）、対岸神奈川でも同様の釣具が使用されていた。私が銚子市黒生で見た「タコガイ」も竹の一節を利用したこの種の蛸釣具であった。

イシャリのばあい、宮城県気仙沼市一帯では台木に竹材を用い、岩手県陸前高田市、大船渡市辺りでもやはり竹であるが、北上して下閉伊郡の山田湾辺りになると樹枝が材料になる。より北の青森県種差海岸では木の股に石をはさみ長い鉄鉤二本を添え紐を網状にかけるので添木を必要としないし、石に切れ目もない蛸釣具となる。これらはイシャリが身近で入手可能な材料を用いて自家製作することと竹の自生北限とがからんでもたらした材質、形態の変化である。また宮城県北、本吉郡南三陸町のイシャリについても、海底の微地形にあわせて志津川と歌津では大きさやツノの開きぐあいにかなり差があるという(後藤明「仙台湾・三陸周辺の漁撈民俗」)。材料、漁獲の対象とする蛸の種類、漁場の自然条件、漁期などに対応する形で地方色豊かな蛸釣具の考案になったものと考えてよい。

形態に地方独自の傾向を示す一方、同一地方内においても海村ないし漁家による「好み」というものがあって、例えば海底の障害物を乗り越える竹そりをつけない(大船渡市三陸町越喜来浪板)、麻縄ではなく藤蔓で台木と石錘を結びつける(大船渡市赤崎町山口)、鉤を六本から八本に増やす(陸前高田市広田町大陽)などの変化が認められる。同一漁家で季節により蛸釣具を変えることもある。漁場や漁法、漁具に対する漁民の研究意欲は大変なものがあって、漁具でいえば漁場での感触や漁獲効果をふまえて絶えず工夫、改良を加えては漁場で試す作業を一生涯続けるのである。また漁家は船という移動手段によって我々の想像する以上に遠方の漁場・漁家と交渉をもつが、他者の漁獲高に敏感であって、他者の漁具・漁法に長所を見つければそれを吸収する。かつて大船渡の一漁家において三重県将来の蛸釣具を見たことがある。市販品でなく自家製造の漁具はそれを使う漁師の多年にわたる経験と旺盛な研究心との結晶であって、これを匠の技といわなければ何といえばよいのであろう。このことは蛸釣具に限らない。池田哲夫氏はヤスと鉤を使う一見単純そうに見える蛸の見突き漁を詳細に観察し、勘と経験、漁具の改良が重要な位置を占めており、これを高度な技術と考えている（池田哲夫『近代の漁撈技術と民俗』）。私と同じような感慨にふけったに違いない。

蛸釣具の単純に見えて意味あるバリエーションを伝えるコレクションが今は各地の歴史民俗資料館、郷土資料館、博物館に収集展示されるようになっている。一九八五年、重要有形民俗文化財に指定された、海の博物館（三重県鳥羽市）の「伊勢湾・志摩半島・熊野灘の漁撈用具」六千八百七十九点のうちにも多様な蛸釣具（タコツリ・タコヒキ・タコカケ）が含まれている（海の博物館・東海水産科学協会編『漁の図鑑』）。

また今日では、私よりはるかに本格的な蛸釣具の集成をなしとげている研究者がいる。刀禰勇太郎、前掲『蛸』、平川敬治、前掲『タコと日本人』などがそれである。素朴でありながら工夫を凝らした手作りの蛸釣具にはモノ作りの世界をのぞく面白さ、楽しさがある。

縄文人は蛸を獲っていたか

寛政年間（一七八九―一八〇一）の見聞随録である津村淙庵『譚海』巻之九、「房州七浦風土の事」に、大根に釣針をつけて縄で流すと蛸が浮かんできて大根に取りつき釣針にかかる、と蛸が動く白い物に誘われる習性を利用した蛸漁のことが記されている（原田伴彦他『日本庶民生活史料集成』第八巻）。なんとも抒情的で素朴な漁であるが、(1) 磯を歩いてゆけば蛸は簡単に捕採することができると思っている人もいる。しかし現実はそれほど簡単なものではない。ベントス（底生生物）で夜行性の蛸が相手なのである。干潮時に岩場に取り残されたり、夜の干潮時に餌を求めて潮溜りに出てくるような、素手もしくはヤスで仕留めやすい状況もないわけではない。しかし砂に潜る蛸もいるし、海岸の岩場の巣穴ともなれば狭い上に奥行きが深く、隠れ穴や抜け道まであるので、そう簡単に捕獲できるものではない。

烏賊釣具は蛸漁からの展開であると説かれるが(柳田國男『北小浦民俗誌』)、蛸釣具は蛸突きからの転化であるかもしれない。辻井善弥氏はイシャリがヤスによる蛸の見突き漁との関連の中で生み出されてきた漁具だと考えている(辻井善弥『磯漁の話』)。水深が深くヤスや鉤が直接蛸に達しないか、海水が濁って蛸を発見できないばあいに蛸釣具を使う(同前)だけのことであって、蛸を誘い出して鉤に引っ掛けるという基本原理は同じであることを考えれば納得がいくのである。原理は同じで岩場ではヤス・鉤、砂泥の漁場では釣具を使うということもあるかもしれない。

台木・石錘・鉤の三部分から構成されるイシャリは簡素であるがれっきとした釣具である。漁具として古さが感じられるイシャリの類が日本のどの海でも見られることは、蛸を食べるために昔から日本人が蛸を積極的に捕獲する道具を使っていたことを物語るのだと筆者は考えている。

ところが考古学の見地からいうと、縄文時代にまで遡って蛸を食べていたとは簡単にいえないのである。貝塚から甲烏賊の俗に舟という石灰質が発掘されるから、縄文人が甲烏賊を食卓に供していたことは間違いない。蟹のツメも出土するから問題ない。ところが蛸や水母には骨がないから貝塚に何も残らないのである。考古学は遺跡・遺物を手掛りとする研究分野であるから、蛸を食用にしていたといえないのである。出土遺物には嘘がないという安心感がある。その一面「物」がなければ何もいうことができない。その点が方法論的に厳密であるということができるにしても、いささか窮屈に感じられてならなかった。

その矢先に目に入ってきたのがイシャリであった。イシャリに使う石錘は私の収集範囲内では重さ二六〇―四二〇グラムの平らな石であるが、台木にしっかりくくりつけるために長軸もしくは短軸に切れ目を入れる。切れ目といっても打ち欠いて作った粗いものであるが、人工痕跡をとどめるという意味で立派な石器である。切目石錘となれば縄文文化の当初から弥生後期まで内陸を含めて広い範囲で出土している。石錘は漁網の沈子とするのが日本先史学出発当初の仮説であった。しかし、採集経済における道具は狩猟・漁撈共用が原則であるから、狩猟用の網につけた錘であったとしてもおかしくない。さらに切目石錘、有溝石錘は筵編機、蟹釣具、投擲具、有孔石錘は土掘り具など多様な用途が考えられるのである。そうであれば石錘に蛸釣具としての可能性もあることを題材にして卒業論文にしようと飛び付いたのである。

民俗例から割り出すと、もし蛸釣具に使用されたと仮定すると、円形、長楕円形もしくは繭形をした扁平な切目石錘で、重量四〇〇グラム以内のものが可能性が高いと見当をつけたまではよかったのであるが、そこまできて、はたと行き詰まってしまった。遺跡自体あるいは石錘に随伴する自然、人工遺物のなかに、民俗例である蛸捕具にうまくつながるものがどうしてもつかめなかったからである。類似点をいくら強調しても考古学的に無意味であるし、出土石錘の重量を何個計ってみても問題の解決には結びつかない。「物」がなければ何も発言できない考古学の方法論に風抜きの穴をあけようと思ったのは所詮、若気の至りであったと気が付いても後の祭りである。結局時間切れとなって、タコ捕具と石錘との関係については今後とも資料を補強して順次完璧を期すということで私の卒業論文は

図 5-4　アカニシの殻でイイダコを獲る播磨高砂(現・兵庫県高砂市)の漁.「江海無鱗」『本朝食鑑』9(元禄10(1697)年)の「蛸魚」の項にも，漁人は小さな木片の表に鉤をつけ，裏にイカの骨，鱧をつけて水に浮かべる．タコが板上に乗り，餌と一緒に岸に寄せつけられる．タコが驚いて逃げようとすると鉤にひっかかるという記述がある．

終わった。考古学サイドから見れば、完全な敗退である。

私の卒業論文が、思いついたアイデアに自身で幻惑された結果であることは明白である。「面白そう」ということだけで飛びついた一人よがりであったことは否定できない。世間には「歩きながら考える」ということもあるが、思慮分別ある者であれば設定したテーマの展開を予めよく吟味してから初めてゴーサインを出すことであろう。

卒業論文を書く学生に「テーマの選択も実力のうち」とよく言ったのは、自身の苦い経験からである。卒業論文の末尾に、アカニシやアワビ、ウチムラサキの空き殻を使った蛸とりの漁法もあることを付記したのは、どう見ても悪あがきであったと今は思う。それでもお情けで着眼点の新しさを評価してくださったのか、それとも努力賞であったのか、三田史学会の機関誌に概要を掲載していただいたのが「日本新石器時代人と章魚捕食の一問題(予報)」である。別に「貝輪のもつ漁具的機能」という小文が残った。

しかし、もっと貴重な体験は、漁家の漁具、漁法に対する執念を燃やすような改良意識を実感できたことである。漁家だけではない。後に山村へ入る機会もできた。わが家に粉をこねる木鉢がある。新潟県の奥深い山村秋山郷の農家で分けていただいたものである。輪切りにした木材を刳《えぐ》り凹ませ、外径三五センチ、内径三一センチ、深さ八・五センチの木鉢にしたものであり、当時既に相当期間使い込んでいたとみえ、嘘のように軽く僅か七四〇グラムしかなかった。その後、わが家で半世紀近く経つが、いまだにひび一つ入っていない。「匠の技」とか「モノ作り日本」というのは町工場に限らず農漁村の名もなき人びとの間にも広がっているのである。

閑話休題。「あわいの世代」の東京っ子といっても実体は人さまざまである。疎開をして地方で終戦を迎えた友人、学童集団疎開をした友人、私のように東京に残留して空からの都市攻撃を体験した者、都市攻撃によって家や肉親を失った級友、父や兄を戦場で失った友人などである。一人だけであるが、陸軍幼年学校へ進んだ同級生もいた。戦争で潤った人の子弟は私の周囲にいなかった。戦争に翻弄され、そのあげく全員がある日突如として価値判断の総体が一転する激変を少年期に経

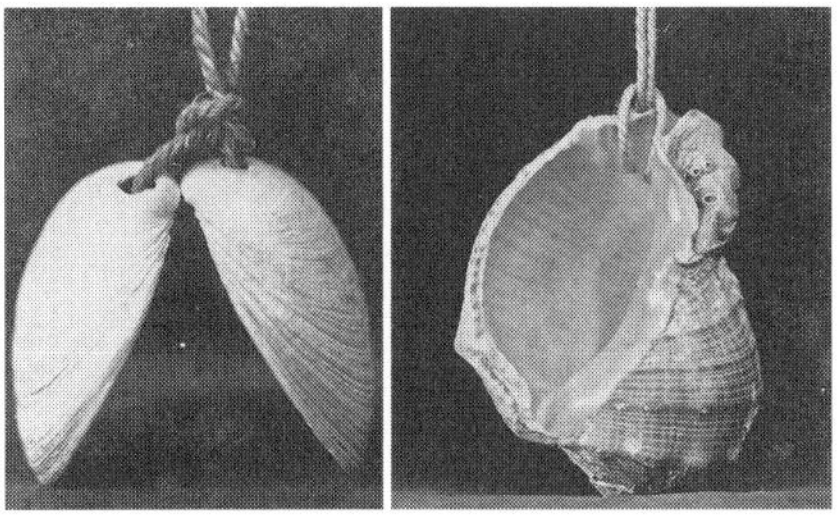

図 5-5 貝壺．明石では貝殻を利用した蛸壺を「貝壺」と呼んだ．(左)は兵庫県明石市林崎漁業協同組合の増本豊吉さんが使用するムラサキ貝の貝壺．9センチ内外のもの．蝶番が外れているので任意の殻で一組とすることができる．殻頂の孔約8ミリに枝縄を通す．蛸が，閉じている貝殻をこじあけて中に入るのを待つ．(右)は同正木良男さんが使用するアカニシの殻を逆さにして貝壺に利用するもの．2個の小孔に枝縄を通して親縄(幹縄)に吊る．1鉢30個を一定間隔で吊す．殻の縁辺を削り，上下8センチ，奥行7–9センチのつぼまった空洞を作っている．アカニシは千葉から移入．イイダコの産卵期である2–4月に卵約50個を死貝に産みつける習性を利用する漁法(1963年の寒波(サンパチ令害)で蛸が壊滅的な被害を受ける以前の1959年11月撮影)．

験しているのである。戦争がもたらすむごたらしさを知り、戦時中の「欲しがりません勝つまでは」で我慢強く育ったことでは共通する。

その中で私が東京に残留したマイノリティーであって、「小学校を卒業していない」ばかりか、中一も実体があったと言いがたいことは既に述べたとおりである。基礎学力を培うことや、身につけるべき規律を学ぶことがその分だけ欠如していることは否定できない。私が長い間漢字を正確に書くことに苦しんだり、いつまで経っても「群れる」ことが苦手であったりするのは、もし生まれつきの能力、性分によるものでなければばのことであるが、戦時下、終戦直後の暮らしがいくらか影響しているのかと自問自答することがある。勝手気儘な一人よがりとか強制、束縛を嫌うのは、小六当時に学校でその日をどう過ごすのか自分で決定する「自由」があり、戦後はクラブ活動という「自由」があったことに幾分か関係あるのではと、「勝手気儘」を棚上げにして「自己中」を言訳するようにである。

さて、戦後の日本社会で考古学がブームになったことや、私が考古学に進んだのも、戦時中鼓吹された「神国日本」への反動であり、もうだまされまいとする心が嘘のない「土の中の日本」に向いた結果だといえよう。それにもかかわらず、修士課程では考古学から撤退してアジア、ヨーロッパの鵜飼を課題に取り上げ、鵜飼を稲作文化を構成する一要素として見る方向を提示した。

ここでは、歴史モデルと民俗モデルをできるだけ混同しないようにして使ったが、二足の草鞋であったことに変わりはない。考古学から姿を消したのは、卒業論文に懲りて嫌になったからではないし、一つの研究分野でひたすら深みを究めていく堪え性がなかったわけでもない。自分の希望、意思だけで進路を決められないことは人生に付き物である。つまり考古学へ進めない状況があったということではあるが、考古学への道を期待され、御指導、御支援くださった江坂さんには申し訳ない限りであったと思う。

卒業論文　その後

日本人が弥生時代のかなり古い段階には蛸を食べていたといわれるのは、西日本で素焼きの蛸壺がかなり発見され、古墳時代にも引き継がれているからである(2)。

貝製飯蛸壺現用例の調査研究も若干進んでいる（平川、前掲「日本における貝製飯蛸壺延縄漁」）。また佐賀県神埼郡詫田西分貝塚で弥生時代後期のアカニシ、サルボウ利用の飯蛸壺が出土したという報告もある（一九九〇年七月十一日付『読売新聞』夕刊。門田誠一『新版　海でむすばれた人々』）。しかし貝殻を利用した蛸壺である可能性が指摘される出土例は稀少のようである。

古墳時代に入ると蛸壺だけでなく、蛸を模した土製品も見つかっている。

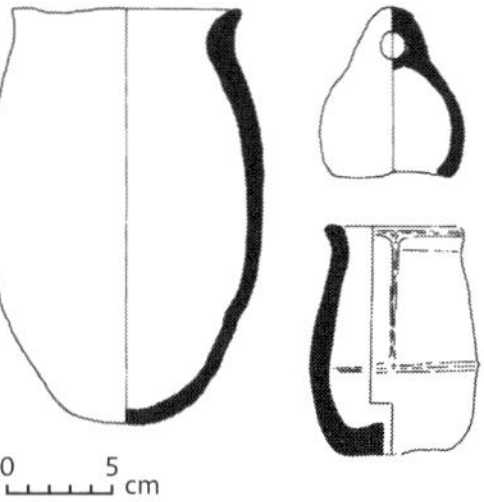

図 5-6　蛸壺の実測図．左はマダコ用．右2点はイイダコ用．右上に示す釣鐘形の蛸壺は瀬戸内海の海底から引き揚げられることがある．

大阪府羽曳野市にある応神天皇陵古墳（誉田御廟山古墳）の内濠から、鯨・海豚・河豚・烏賊の形をした小さな土製品と共に蛸のそれも見つかったのである（三木文雄編『はにわ』日本の美術№19）。さらに同じ羽曳野市の日本武尊白鳥陵古墳（軽里大塚古墳）からも長さ約四センチの蛸と烏賊を模した土製品が出土し、二〇一一年に一般公開されている（二〇一一年十一月二十三日付『読売新聞』）。

この土製品を見ると、もし埴輪の部分でなければ祭祀用品として考えてみる方がよいと思われる。沖縄では蛸は人の一生の節目ごとに登場する縁起物であり、生後九か月目の「食い初め」儀式、正月の初干支で祝う「生年祝い」、さらには結婚式の祝いに「絡みあって離れない」縁起物として使われる（上江洲均「伊平屋諸島の農耕儀礼と漁撈習俗」）。また朝鮮朝時代の朝鮮半島においても蛸が各地で漁獲されたが（可児、前掲「朝鮮朝時代のタコ産出地について」）、貢納された蛸は王室の宴席に供されたり、臣下への賜与にあてられるなど、宮中を中心とする上流層の食品でもあった（姜仁姫『韓国食生活史』）。また、中国の明朝にならって、その季節に出た初物の食品を宗廟に供える「薦新」の儀礼で、水蛸は十月に供える薦新中の一品であった（尹瑞石『韓国食生活文化の歴史』）。さらに、民間においても祭祀の供え物や祝い膳に蛸を用いる風習があった（佐々木道雄『朝鮮の食と文化』）。蛸を模した土製品の理解に内外の民俗例は役立つかもしれない。

こうして弥生以降における蛸の捕採が少しずつ明らかになってきたが、すべて陥穽漁法による捕採であり、蛸釣具に関する進展はあまりみられず、蛸の捕食はそもそも問題の設定からして無理なのかもしれないと思ったりしていた。

ところが、某日たまたま手にした西本豊弘・新美倫子編『事典 人と動物の考古学』に、青森市南西部に位置する縄文前期から中期にかけての大遺跡、三内丸山遺跡において、縄文前期の遺物中に烏賊・蛸の「口器」が出土していることが記されていた。口器と不粋に記されているが、餌物をかむ上下の顎板、烏賊でいうカラストンビのことである。蛸は上下の顎板で餌物をかみ合わせ、歯舌を動かして餌物をすりおろして食べるのだという（奥谷・神崎、前掲『タコは、なぜ元気なのか』）。しかし縄文人がどのような方法で蛸を獲っていたのかまでは書かれていない。

考古学を離れていた私は知らなかったのであるが、今世紀に入ってからの発見のようである。縄文人はやはり早くから蛸を食べていたのである。それでどのような人工遺物が共伴しているのか気になるのであるが、まだ確認していない。考古学からすっかり離れていて、学術的な情報を入手することができない現実によるのと、石錘や釣針が伴出しているかどうか知らずにいた方がひょっとしたらハッピーではという思いが半々である。

さて読者諸氏はどのような卒業論文を書き、どのような人生のアネクドート、他人の知らない舞台裏が潜んでいるのか、そして卒業論文作成が人生でどのような意味をもったのか等々、ぜひ語っていただきたいものである。

最後になったが、その昔イシャリを見て歩いた三陸沿岸の漁村は二〇一一年、東日本大震災で壊滅的な被害を受けた。御見舞の言葉も見つからないほどの衝撃である。三陸人のもつ不退転の力を発揮し、苦難と悲しみを乗り越えて前進してくださることを心から祈る次第である。

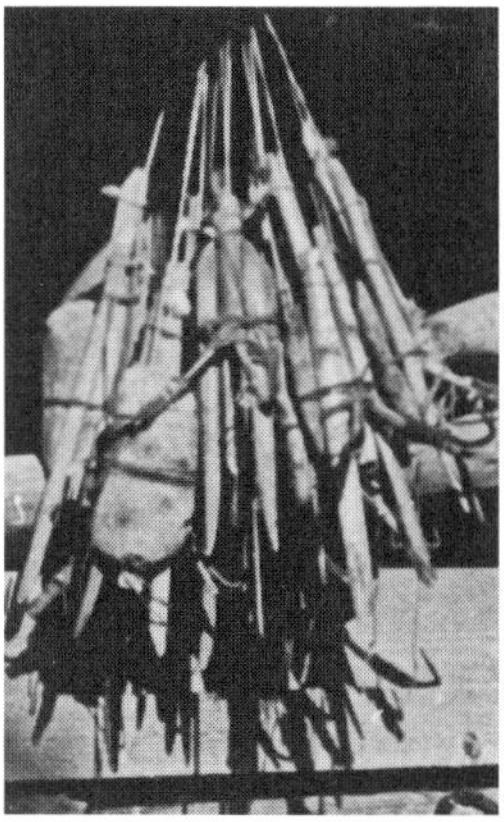

図 5-7　漁家の軒下に吊したイシャリ(岩手県大船渡市赤崎町).

(1)　新井高子さんからの書状によると、岩手県宮古市田老に、月夜に蛸が青砂里《あおざり》の婆さんの畑に大根掘りにやってくることを知った漁民が大根を餌にして蛸を釣るようになったという民話がある(田沢直志編『田老の民話』)ということである。

(2)　これについて一般向けの啓蒙書としては森、前掲「飯蛸壺形土器と須恵器生産の問題」、「弥生・古墳時代の漁撈・製塩具副葬の意味」、間壁、前掲「瀬戸内の考古学」などがある。

あとがき――蛸に魅せられて七十年

本書は、小生の卒寿にあたり、教え子の皆さんがまとめてくださった『タコペディアにっぽん』(私家版、二〇二二年)を基に手を加え、改めて一冊に編み直したものである。そもそもは、その昔に書いた何編かの蛸エッセイをインターネット・サイト『蛸壺』第八室(https://tacotubo.com/eighth_room/)に掲載した随想・論考集を転用・編集した。

筆者の「日本新石器時代人と章魚捕食の一問題」が『史学』第三〇巻第三号に掲載された一九五七年当時、蛸を主題とする著作といえば論文か雑誌記事ばかりであって、単行本はなかったように思う。蛸は単行本の主題に選ばれるほどの関心事でなかったのである。

ソ連の生物学者イーゴリ・アキームシキン『海の道化師たち――タコ、イカの驚異』(油橋重遠《ゆばししげとう》訳、講談社)が出現するのは一九六七年七月になってからであるし、スキューバ(商品名アクアラング)の考案者であり、カリプソ号で世界の海を探検したフランスのJ＝Y・クストー、フィリップ・ディオレ『海底の賢者 タコ』(森珠樹訳、主婦と生活社)が出るのは一九七四年六月のことである。さらにフランスの社会学者・哲学者ロジェ・カイヨワ『蛸――想像の世界を支配する論理をさぐる』(塚崎幹夫訳、中央公論社)が出版されたのは一九七五年四月であり、この間二十年近くの歳月をけみしている。

一九七七年七月になって日本における蛸の啓蒙的な専門書の先鞭といえる、水産学者の井上喜平治『蛸の国』(関西のつり社)がようやく世に現れたが、次のポピュラーリーディングである奥谷喬司・神崎宣武編著『タコは、なぜ元気なのか――タコの生態と民俗』(草思社、一九九四年二月)、刀禰勇太郎の労作『ものと人間の文化史74 蛸』(法政大学出版局、一九九四年二月)が出版されるまでには相当の空白がある。以後、筆者の眼に入った一般読者向けの蛸に関する教養書を年代順にあげてみると次のとおりである。

- 土屋光太郎、山本典暎・阿部秀樹写真『イカ・タコ ガイドブック』阪急コミュニケーションズ、二〇〇二年四月
- 平川敬治『タコと日本人――獲る・食べる・祀る』弦書房、二〇一二年五月
- 奥谷喬司編著『日本のタコ学』東海大学出版会、二〇一三年六月
- K・H・カレッジ『タコの才能――いちばん賢い無脊椎動物』高橋素子訳、太田出版、二〇一四年四月
- サイ・モンゴメリー『愛しのオクトパス――海の賢者が誘う意識と生命の神秘の世界』小林由香利訳、亜紀書房、二〇一七年二月
- P・G＝スミス『タコの身心問題――頭足類から考える意識の起源』夏目大訳、みすず書房、二〇一八年十一月

以上のことから御察しいただけるように、おまけに熊谷真菜『たこやき』(リブロポート、一九九三年六月)をつけ加えても少数であることは否定できないが、出版点数が少ないことは蛸研究の水準が低

いことを意味するわけではない。事実、筆者もこれら先達の著書から教えを受けることが多々あった。単行本以外の研究論文やエッセイについても改めていうまでもない。蛸学の先達に感謝の意を表すために、単行本だけでもと思い、エピローグに代えてあげた次第である。参考にしていただければうれしい限りである。

日本人は世界で獲れる蛸の三分の二を食べてしまう大の蛸好きである。海の近くに住む人たちの食材となるだけでなく、古くは乾蛸として遠方へ運ばれたから、日本の基本的な食材の一つといってよい。しかし日本人と蛸の間柄は「ヒトとその好物」といってすませるほど単純なものではない。蛸のルックスや行動の特異さからか、日本人が日常生活や想像の中で世界でも稀なほど多様な心象を蛸の上に自由闊達にめぐらせているからである。日本人と蛸の交響は歴史・文学・美術はもとより、祭りや芸能、信仰・伝承、はては民話・玩具・食文化まで、至る所から聞こえてくる。善かれ悪しかれ日本人の感情によほど訴える生き物なのである。

そこで昨今の筆者は蛸に関するもろもろの知識をひっくるめて蛸百科、あるいはエンサイクロペディアをもじってタコペディアといっている。ペディアの語源はギリシャ語の教育(paideia)だというから、途《と》でもない的外れではなかろう。いずれにせよ日本人の形象生産の働きを考える上で蛸は間違いなく見落としてはいけない存在である。

蛸が多様に姿を変えて日本人の心に根を下ろしていることは、蛸によって日本人が自然の法則とどう向き合ってきたのかを探ることができるということである。蛸によって前近代日本の原風景を見ることができるといいかえてもよい。

ドナルド・キーンは、司馬遼太郎との親交を記した『東京新聞』の連載「東京下町日記」(二〇一六年六月五日付『東京新聞』朝刊)の中で、国際化ということは外国に行くことでも、外国を知ることでもない。日本文化を誇りをもって主張し、外国で理解してもらうことであると主張している。タコペディアに意義があるとすればこの辺りであろう。

筆者は学部卒業論文で蛸を主題に選んだ。その後、蛸学で身を立てることは難しいとさとり、蛸の研究は余技となり、途切れ途切れにならざるをえなくなったが、定年後は人生の卒業論文の題材として復活させることができるようになった。足りないところ、間違っているところは御叱りいただいてよりよいものに仕上げたいと念じている。

サッカーのワールドカップ南アフリカ大会(二〇一〇年)に際して、試合結果をずばり八戦八勝で見事的中させた蛸のパウル(ドイツ・オーバーハウゼンの水族館)にヨーロッパは盛り上がったとか。しかし我らの蛸風土はもっと奥行がある。吸盤のついた腕が嫌らしくて蛸は好きになれないという方も、蛸好きにまじって気楽に聴講してみてはいかが。御気に召さなければ退学も自由である。

二〇二五年二月　　千葉県の仮寓にて

可児弘明

＊擱筆に当たり、資料の収集等に御助力いただいた菅原建、中間和洋、末広敬邦、新井高子、櫛田久代・順子・仁美の各氏に対し謝意を表します。

主要参考文献一覧

本書で言及したものに限定して主要なもののみ記載する。

赤瀬川原平・ねじめ正一・南伸坊『こいつらが日本語をダメにした』ちくま文庫、一九九七年
秋道智彌「〝悪い魚〟と〝良い魚〟」『国立民族学博物館研究報告』6巻1号、一九八一年
秋道智彌「海・川・湖の資源の利用方法」岸俊男他編『日本の古代8　海人の伝統』中央公論社、一九八七年所収
秋山笑子「藁蛇の道」『千葉県立大利根博物館調査研究報告』第七号、一九九七年
明浜町誌編纂委員会編『明浜町誌』明浜町、一九八六年
阿子島雄二『ふるさとの土人形』刈田民俗館、一九七四年
安倍肯治『ザ・海の無脊椎動物』誠文堂新光社、一九九五年
荒川浩和編『印籠と根付』文化庁他監修『日本の美術』No.195、至文堂、一九八二年
飯倉章『日露戦争諷刺画大全』下巻、芙蓉書房出版、二〇一〇年
伊井春樹『ゴードン・スミスの見た明治の日本――日露戦争と大和魂』角川選書、二〇〇七年
伊賀暮らしの文化探検隊『暮らしの文化探検隊レポート』二巻(二〇〇〇年三月)、四巻(二〇〇二年三月)
池田哲夫『近代の漁撈技術と民俗』吉川弘文館、二〇〇四年
池田萬助・池田章子『上方の愉快なお人形』淡交社、二〇〇二年
悳俊彦編『妖怪曼陀羅』国書刊行会、二〇〇七年
石井丑之助『続車偶庵選集　土人形系統分類の研究』車偶庵文庫、一九七六年
石川純一郎『新版　河童の世界』時事通信社、一九八五年
石川松太郎他編『ヴィジュアル百科　江戸事情』第一巻　生活編、雄山閣、一九九一年
石川好『カリフォルニア・ストーリー』中公新書、一九八三年
石黒正吉『日本の食文化大系6　魚貝譜』東京書房社、一九八二年
石毛直道「タコのかたきうち」『季刊人類学』二巻三号、一九七一年
一柳安次郎「天王寺詣の思出」『上方』第一巻第三号、一九三一年三月
稲田和子解説「たこの足の八本目」『きょうの料理』二〇〇三年八月号

稲田浩二・小澤俊夫責任編集『日本昔話通観』各巻、同朋舎出版、一九七七—九八年
稲田浩二他編『日本昔話事典』弘文堂、一九九四年
井上喜平治『魚の城』のじぎく文庫、一九六一年
井上喜平治『タコの増殖』日本水産資源保護協会、一九六九年
井上喜平治『蛸の国』関西のつり社、一九七七年
井上頼寿『改訂 京都民俗志』東洋文庫、一九六八年
岩井宏実『小絵馬』三彩社、一九六六年
岩切友里子編著『芳年』平凡社、二〇一四年
植木智広「黄表紙『鮹入道佃沖』翻刻と注釈」『國學院大學近世文学会会報』通号一六、二〇一〇年三月
上江洲均「伊平屋諸島の農耕儀礼と漁撈習俗」網野善彦他編『海と列島文化6 琉球弧の世界』小学館、一九九二年
上野市編『上野市史 民俗編』上巻、上野市、二〇〇一年
上野市編『上野市史 民俗編』下巻、上野市、二〇〇二年
『浮世絵八華』七、平凡社、一九八五年
海上町史編さん委員会編『海上町史 総集編』海上町、一九九〇年
海の博物館・東海水産科学協会編『漁の図鑑』一九八八年
梅津宮雄『米沢の郷土玩具』一九七五年
愛媛県教育委員会編『愛媛県民俗資料調査報告書』第一集、一九六四年
及川茂監修『暁斎の戯画・狂画』東京新聞、一九九六年
大阪府立中之島図書館所蔵『巨泉玩具帖』一九一九—三二年
大槻文彦編『大言海』第三巻、冨山房、一九三四年
大場秀章他『東大講座 すしネタの自然史』NHK出版、二〇〇三年
奥田乙治郎『明治初年に於ける香港日本人』台湾総督府熱帯産業調査会、一九三七年
奥谷喬司・神崎宣武編著『タコは、なぜ元気なのか——タコの生態と民俗』草思社、一九九四年
沖縄大百科事典刊行事務局編『沖縄大百科事典』上巻、沖縄タイムス社、一九八三年
ロジェ・カイヨワ『蛸——想像の世界を支配する論理をさぐる』塚崎幹夫訳、中央公論社、一九七五年
蔭山休安編『俳諧 夢見草』一六五六年
梶島孝雄『資料 日本動物史』八坂書房、一九九七年
門田誠一『新版 海でむすばれた人々——古代東アジアの歴史とくらし』昭和堂、二〇〇一年
仮名垣魯文『大洋新話 蛸之入道魚説教』存誠閣、一八七二年
金森直治『浮世絵 一竿百趣——水辺の風俗誌』つり人社、二〇〇六年
可児弘明「日本新石器時代人と章魚捕食の一問題(予報)」『史学』第三〇巻第三号、一九五七年十二月

可児弘明「貝輪のもつ漁具的機能」『貝塚』一〇六号、一九六一年五月
可児弘明「蛸の隠喩」『国府台』四、一九九三年
可児弘明「朝鮮朝時代のタコ産出地について」『史学』第八一巻第四号、二〇一三年一月
金子孚水監修『肉筆浮世絵集成』Ⅱ、毎日新聞社、一九七七年
鎌田忠治『九十九里東部の民俗伝承』千秋社、一九八四年
川崎巨泉著画『おもちゃ画譜』第四集、人魚洞蔵版、一九三三年
川崎巨泉著画『おもちゃ画譜』全十集合冊、覆刻版、村田書院、一九七九年
河鍋狂斎画、河鍋楠美編『狂斎画譜』公益財団法人河鍋暁斎記念美術館、一九八五年
河鍋暁斎『河鍋暁斎挿絵』(一)、公益財団法人河鍋暁斎記念美術館、一九八五年
姜仁姫『韓国食生活史——原始から現代まで』玄順恵訳、藤原書房、二〇〇〇年
神崎宣武「タコのいぼも信心から——タコと信仰」奥谷・神崎、前掲『タコは、なぜ元気なのか』所収
喜田貞吉編著『福神』宝文館出版、一九七六年
木戸忠太郎『達磨と其諸相』村田書店、一九七七年
君津市市史編さん委員会編『君津市史 民俗編』君津市、一九九八年
木村孔恭『日本山海名産図会』四、一七九九年(長谷章久編『日本名所風俗図会』16、角川書店、一九八二年)
木村八重子『草双紙の世界——江戸の出版文化』ぺりかん社、二〇〇九年
木村吉隆『江戸の縁起物——浅草仲見世 助六物語』亜紀書房、二〇一一年
久徳外雄『日本釣漁法全書』有隣堂、一八九九年
魚類文化研究会『図説 魚と貝の事典』柏書房、二〇〇五年
Ｊ＝Ｙ・クストー、フィリップ・ディオレ『海底の賢者 タコ』森珠樹訳、主婦と生活社、一九七四年
熊谷章一・吉田義昭編『花巻人形』郷土文化研究会、一九七五年
熊倉功夫『日本料理の歴史』吉川弘文館、二〇〇七年
ＫＵＭＯＮ『タコくんの足は8本——「自分から学習」がしたくなるお話』日本公文教育研究会、二〇〇六年
倉田亨「水産物」伊東俊太郎他編『講座・比較文化 第五巻 日本人の技術』研究社、一九七七年
倉野憲司訳「日本霊異記」『古典日本文学全集一 古事記 風土記 日本霊異記 古代歌謡』筑摩書房、一九六六年
小出楢重『めでたき風景』創元社、一九三〇年
神戸新聞明石総局編『明石 さかなの海峡——鹿ノ瀬の素顔』神戸新聞総合出版センター、一九八九年

後藤明「仙台湾・三陸周辺の漁撈民俗」網野善彦他編『海と列島文化7　黒潮の道』小学館、一九九一年
小峯和明「龍宮への招待」『図書』七五七号、二〇一二年三月
近藤弘「ニッポン魚食列島――海の食物誌」大林太良他編『日本人の原風景2　蒼海訪神　うみ』旺文社、一九八五年
斎藤良輔編『新装普及版　郷土玩具辞典』東京堂出版、一九九七年
座右宝刊行会『浮世絵大系1　師宣』集英社、一九七四年
座右宝刊行会『浮世絵大系10　国貞／国芳／英泉』集英社、一九七六年
堺市編『堺市史』第三巻、本編第三、清文堂出版、一九三〇年
阪本英一『養蚕の神々――蚕神信仰の民俗』群馬県文化事業振興会、二〇〇八年
相良人形興芸社『郷土民芸品相良人形（総合カタログ）』一九七二年
佐々木道雄『朝鮮の食と文化――日本・中国との比較から見えてくるもの』むくげの会、一九九六年
佐和隆研他編『京都大事典』淡交社、一九八四年
清水晴風『街の姿――晴風翁物売物貰図譜　江戸篇』太平書屋、一九八三年
周達生『東アジアの食文化探検』三省堂選書、一九九一年
『新潮日本古典集成　世間胸算用』第八一回、一九九六年
『新編　日本古典文学全集五　風土記』小学館、一九九七年
鈴木健一編『日本古典の自然観4　鳥獣虫魚の文学史　魚の巻』三弥井書店、二〇一二年
鈴木堅弘「海女にからみつく蛸の系譜と寓意」『日本研究』三八集、二〇〇八年
鈴木晋一『たべもの史話』平凡社、一九八九年
鈴木棠三『日本俗信辞典　動・植物編』角川書店、一九八二年
鈴木文雄「千葉県上総地方の辻切りとムラ境」『民具マンスリー』第二八巻二号、一九九五年
鷲見東一「堺おもちゃ」『郷土風景』第二巻五号、一九三三年五月号
瀬川清子『日間賀島民俗誌』刀江書院、一九五一年（角川書店『日本民俗誌大系』第五巻、一九七四年）
瀬川芳則『イモと蛸とコメの文化――稲作の民俗と考古』松籟社、一九八七年
関川夏央『退屈な迷宮――「北朝鮮」とは何だったのか』新潮社、一九九二年
関敬吾『日本昔話集成』第二部　本格昔話1、角川書店、一九七〇年
仙台市博物館編『堤人形の美　仙台市博物館図録』仙台市博物館、一九八九年

仙台市博物館編『みちのくの人形たち――三春・堤・花巻・相良』仙台市博物館、一九九六年
袖ケ浦市史編さん委員会編『袖ケ浦市史 自然・民俗編』袖ケ浦市、一九九九年
袖ケ浦町民俗文化財調査会編『昭和地区の民俗』袖ケ浦町教育委員会、一九八七年
袖ケ浦町民俗文化財調査会編『長浦地区の民俗』袖ケ浦町教育委員会、一九八七年
大洋漁業広報室編『お魚おもしろ雑学事典』講談社、一九八七年
田河水泡『蛸の八ちゃん』講談社漫画文庫、一九七六年
武井武雄『日本郷土玩具 西の部』地平社書房、一九三〇年
武智利博『愛媛の漁村』愛媛文化双書刊行会、一九九六年
竹村俊則編『日本名所風俗図会』7、角川書店、一九七九年
田沢直志編『田老の民話』田老町観光協会、一九九一年
多田克己編・解説『暁斎妖怪百景』図書刊行会、一九九八年
田中優子『世渡り 万の智慧袋』集英社、二〇一二年
谷川健一編『日本の神々――神社と聖地』第七巻 山陰、白水社、一九八五年
田主丸町誌編集委員会編『田主丸町誌 第一巻 川の記憶』田主丸町、一九九六年
『旅と伝説』第十年第八号、一九三七年
千葉県史料研究財団編『千葉県の歴史 別編 民俗I(総括)』千葉県、一九九九年
千葉県立房総のむら編『災いくるな! II――境にこめた願い』一九九六年
張震東・楊金森編著『中国海洋漁業簡史』北京:海洋出版社、一九八三年
知里真志保「呪師とカワウソ」『北方文化研究報告』第七輯、一九五二年
辻井善弥『磯漁の話――一つの漁撈文化史』北斗書房、一九七七年
土屋光太郎『イカ・タコ ガイドブック』阪急コミュニケーションズ、二〇〇二年
東京女子大学民俗調査団編『大柳生の民俗誌――奈良県奈良市大柳生町』東京女子大学民俗調査団、一九九八年一月
東京ステーションギャラリー企画・編集『大野麥風展「大日本魚類画集」と博物画にみる魚たち』東京ステーションギャラリー、二〇一三年
東京都港区『港区史』上巻、東京都港区、一九六〇年
東京都立大学学術研究会編『目黒区史』目黒区、一九六一年
所功他『住吉大社史』下巻、住吉大社奉賛会、一九八三年
鳥取県教育委員会編『鳥取県文化財調査報告書17 民俗文化財・考古資料』一九九三年
刀禰勇太郎『ものと人間の文化史74 蛸』法政大学出版局、一九九四年

富田京一監修『海の生き物の飼い方』成美堂出版、二〇〇六年
豊川公裕「鴨川市におけるツナツリについて——ムラ境への呪物の形態と意義」『民具マンスリー』第二九巻八号、一九九六年
豊川公裕「和田町仁我浦の綱つりについて——区域内全台残存地の事例報告」千葉県立房総のむら編『災いくるな！Ⅲ——むら・家・野良　境の諸相』一九九七年
中川渉「瀬戸内のイイダコ壺とマダコ壺」『季刊考古学』第二五号、一九八八年十月
中田謹介『猫めぐり日本列島』筑波書房、二〇〇五年
永田生慈監修・解説『北斎漫画』三、岩崎美術社、一九八七年
永積昭『世界の歴史13　アジアの多島海』講談社、一九七七年
永野仁編『日本名所風俗図会』11、角川書店、一九八一年
中村夢乃「大判錦絵三枚続「狂斎百狂・どふけ百萬編」」『暁斎』第四九号、一九九三年三月
中村惕斎編『訓蒙図彙』巻十四、一六六六年
奈良県史編集委員会編『奈良県史12　民俗(上)』名著出版、一九八六年
奈良市史編集審議会編『奈良市史 民俗編』吉川弘文館、一九七一年
西村泰郎『勧請縄——個性豊かな村境の魔よけ』サンライズ出版、二〇一三年
西本豊弘・新美倫子編『事典 人と動物の考古学』吉川弘文館、二〇一〇年
『日本版画美術全集』第四巻、講談社、一九六〇年
『日本版画美術全集』第六巻、講談社、一九六一年
『日本民俗文化大系』8、小学館、一九八四年
『日本歴史地名大系27　京都市の地名』平凡社、一九七九年
農商務省水産局編『日本水産捕採誌』中巻(一九一二年)、下巻(一九一二年)
農商務省農務局『水産博覧会第一区第一類出品審査報告』第六　釣具、一八八五年
農林水産省『平成六年　漁業・養殖業生産統計年報』農林水産省経済局統計情報部、一九九六年
農林水産省『第88次農林水産省統計表　平成24—25年』農林水産省、二〇一四年
野地恒有『漁民の世界——「海洋性」で見る日本』講談社選書メチエ、二〇〇八年
フランク・ノリス『オクトパス——カリフォルニア物語』八尋昇訳、彩流社、一九八三年
博学こだわり倶楽部編『動物の超能力がズバリ！わかる本』青春出版社、一九九一年
畑野栄三『全国郷土玩具ガイド3』婦女界出版社、一九九二

年
花巻市博物館編『花巻人形と東北の土人形』花巻市博物館、二〇〇六年
原田伴彦他『日本庶民生活史料集成』第八巻、三一書房、一九六九年
『秘蔵 浮世絵大観3 大英博物館Ⅲ』講談社、一九八八年
『秘蔵 浮世絵大観5 ヴィクトリア・アルバート博物館Ⅱ』講談社、一九八九年
『秘蔵 浮世絵大観9 ベルギー王立美術館』講談社、一九八九年
兵庫の食事編集委員会編『日本の食生活全集28 聞き書 兵庫の食事』農山漁村文化協会、一九九二年
平川敬治「日本における貝製飯蛸壺延縄漁」『民俗學研究』五五巻一号、一九九〇年
平川敬治『タコと日本人――獲る・食べる・祀る』弦書房、二〇一二年
『覆刻日本古典全集 校本日本霊異記』下第六、現代思潮社、一九七八年
『覆刻日本古典全集 倭名類聚鈔』三、現代思潮社、一九七八年
アト・ド・フリース『イメージ・シンボル事典』山下主一郎他訳、大修館書店、一九八四年
J・G・フレイザー『金枝篇――呪術と宗教の研究』第一巻、神成利男訳、国書刊行会、二〇〇四年
朋誠堂喜三二作、喜多川歌麿画『鮹入道佃沖』一七八五年
堀田吉雄『海の神信仰の研究』下、光書房、一九七九年
間壁忠彦「瀬戸内の考古学」網野善彦他編『海と列島文化9 瀬戸内の海人文化』小学館、一九九一年
牧田茂『海の民俗学』岩崎美術社、一九八二年
牧村史陽編『新版 大阪ことば事典』講談社、二〇〇四年
増川宏一『さいころ』法政大学出版局、一九九二年
松谷みよ子・岩倉千春責任編集『猫と民話――日本の猫・外国の猫』童心社、一九九五年
松本博之「真珠貝のペンダント」『月刊みんぱく』一九九二年十月号
真野修「原始・古代の飯蛸壺縄漁の検討」『神戸古代史』No.8、神戸古代史研究会、一九八九年
真弓常忠『住吉信仰』朱鷺書房、二〇〇三年
三浦定之助『おさかな談義』博品社、一九九五年
三木文雄編『はにわ』日本の美術No.19、至文堂、一九六七年
三隅治雄編著『全国年中行事辞典』東京堂出版、二〇〇七年
溝口町誌編さん委員会編『溝口町誌』溝口町、一九七三年
宮尾しげを編『寛政笑話集』三、小噺頒布会、一九三九年
宮下志朗「「反魂丹」の薬袋」『図書』七三六号、二〇一〇年六月
三好想山『想山著聞奇集』巻三、一八五〇年

森浩一「飯蛸壺形土器と須恵器生産の問題」橿原考古学研究所編『近畿古文化論攷』吉川弘文館、一九六三年
森浩一「漁業」豊田武編『産業史』山川出版社、一九六四年
森浩一「弥生・古墳時代の漁撈・製塩具副葬の意味」岸俊男他編『日本の古代8 海人の伝統』中央公論社、一九八七年
諸橋轍次『大漢和辞典』巻二、大修館書店、一九五六年
八杉真帆「海匝地区の辻切り」『西郊民俗』一五九号、一九九七年
八岩まどか『猫神様の散歩道』青弓社 二〇〇五年
柳田國男『北小浦民俗誌』三省堂、一九四九年(『柳田國男全集』18、筑摩書房、一九九九年)
矢野憲一『魚の文化史』講談社、一九八三年
藪内芳彦編著『漁撈文化人類学の基本的文献資料とその補説的研究』風間書房、一九七八年
山口静一・及川茂編『河鍋暁斎戯画集』岩波文庫、一九八八年
山下克明『陰陽道の発見』NHKブックス、二〇一〇年
山本野歩・越智寿『房総のふるさと——郷土の伝統を守る人々』多田屋、一九七二年
尹瑞石『韓国食生活文化の歴史』佐々木道雄訳、明石書店、二〇〇五年
米沢市史編さん委員会編『米沢市史 民俗編』米沢市、一九九〇年
米沢市史編さん委員会編『米沢市史 近世編2』米沢市、一九九三年
C・ダグラス・ラミス『タコ社会の中から——英語で考え、日本語で考える』中村直子訳、晶文社、一九八五年
ジョアン・ロドリーゲス「日本において他の動物に変換する不思議な動物について」『日本教会史』(『大航海時代叢書9 日本教会史』上、岩波書店、一九六七年)
C・ネット、G・ワグナー『日本のユーモア』高山洋吉訳、刀江書院、一九七一年
早稲田大学演劇博物館編『演劇百科大事典』三巻、平凡社、一九六〇年
渡邊欣雄他編『沖縄民俗辞典』吉川弘文館、二〇〇八年
T. F. Kennedy, *Fishermen of the Pacific Islands*. Wellington: Reed Education, 1972.

初出一覧

いずれも大幅に編集、改稿を行なった。

はじめに――タコの吸盤

- 「タコの吸盤」『慶應通信』５０２号、一九九〇年一月一日

Ⅰ　蛸「八」変化

1　蛸の足考

- 「懲りずに、再び、蛸のひょっとこ口について」『雑志』39号、二〇一五年九月、一部抜粋
- 「蛸の足」『雑志』37号、二〇一三年九月

2　ひょっとこ口は江戸の昔から

- 前掲「懲りずに、再び、蛸のひょっとこ口について」一部抜粋
- 「蛸雑纂」『雑志』40号、二〇一七年三月、一部抜粋
- 「《狂斎百狂　どふけ百萬編》の大蛸について」『河鍋暁斎研究誌　暁斎』第１１９号、公益財団法人河鍋暁斎記念美術館、二〇一六年五月

Ⅱ　関東の茹で蛸・関西の生蛸

1　蛸食は弥生の昔から西高東低

- 前掲「懲りずに、再び、蛸のひょっとこ口について」一部抜粋
- 前掲「蛸雑纂」一部抜粋

2　蛸を食べて稲の豊穣を祈る

- 前掲「蛸雑纂」一部抜粋

3　「食べる国」と「食べない国」

- 「アジアのタコ食文化を考える」「特集・アジア諸民族の文化」『三色旗』５６０号、一九九四年一一月
- 「蛸の隠喩」『国府台』（和洋女子大学文化資料館紀要）4、一九九三年、一部抜粋

4　「引張り蛸」になれない蛸

- 「続・蛸の隠喩」『国府台』（和洋女子大学文化資料館紀要）6、一九九六年、一部抜粋

Ⅲ 蛸信仰と日本人

1 日本人特有の隠喩
•前掲「蛸の隠喩」一部抜粋

2 蛸の「類感呪術」――私説 花巻人形の蛸
•「私説花巻人形の蛸」『雑志』35号、二〇一一年八月

3 神仏の従者になった蛸、なり損なった蛸
•「蛸のひょっとこ口」『雑志』38号、二〇一四年九月

4 「災いくるな」――わら蛸を下げる房総のムラ
•前掲「蛸雑纂」一部抜粋

5 蛸の霊力
•前掲「懲りずに、再び、蛸のひょっとこ口について」一部抜粋
•前掲「蛸雑纂」一部抜粋

Ⅳ 神出鬼没の蛸

1 東西で異なる蛸踊り
•前掲「蛸雑纂」一部抜粋

2 蛸猿の仲
•「蛸猿人形の噺を二つ」『雑志』34号、二〇一〇年八月
〈付記〉「蛸猿」余聞
•「相良人形、蛸を担ぐ猫」『雑志』36号、二〇一二年一〇月、一部抜粋

3 踊る蛸・担がれる蛸
•同右

Ⅴ 縄文人は蛸を食べていたか――蛸の考古学と私
•「卒業論文の記」『雑志』39号、二〇一五年九月

あとがき――蛸に魅せられて七十年
•『タコペディアにっぽん』私家版、二〇二二年、一部抜粋

Ⅲ　蛸信仰と日本人

図 3-1　『和泉名所図会』巻之 3，1796 年(永野仁編『日本名所風俗図会』11，角川書店，1981 年)より
図 3-2　川崎巨泉著画『おもちゃ画譜』第 4 集，村田書院，全 10 集合冊，覆刻版，1979 年より
図 3-3　櫛田順子撮影，2015 年 11 月 3 日
図 3-4　鳥取県伯耆町観光サイト，蛸舞式神事ページより，2003 年 10 月撮影
図 3-5～3-10　筆者撮影，2002 年 12 月
図 3-11　『和泉名所図会』巻 1，1796 年より
図 3-12　朋誠堂喜三二作，喜多川歌麿画『鮹入道佃沖』1 巻，1785 年より，当該部分切り抜き
図 3-13　筆者作成
図 3-14　筆者撮影

Ⅳ　神出鬼没の蛸

図 4-1　小出楢重『めでたき風景』創元社，1930 年より
図 4-2　歌川広重「東都名所高輪廿六夜待遊興之図」大判錦絵三枚続(『秘蔵 浮世絵大観 3　大英博物館Ⅲ』講談社，1988 年)より当該部分切り抜き
図 4-3　可児潤子画
図 4-4　川崎巨泉著画『おもちゃ画譜』第 4 集，人魚洞蔵版，1933 年より
図 4-5　櫛田順子画
図 4-6　同上(石毛直道「タコのかたきうち」『季刊人類学』2-3，1971 年参照)
図 4-7　筆者撮影，2005 年 1 月 3 日
図 4-8　編集部撮影

Ⅴ　縄文人は蛸を食べていたか――蛸の考古学と私

図 5-1　筆者作成
図 5-2　木村孔恭『日本山海名産図会』4，1799 年(長谷章久編『日本名所風俗図会』16，角川書店，1982 年)より
図 5-3　農商務省農務局『水産博覧会第一区第一類出品審査報告』第 6 鈎具，1885 年より
図 5-4　図 5-2 に同じ
図 5-5　筆者撮影，1959 年 11 月
図 5-6　筆者作成
図 5-7　筆者撮影

図版出典一覧

Ⅰ　蛸「八」変化

図 1-1　櫛田順子撮影，2021 年
図 1-2　清水晴風「蛸の飴売」『街の姿――晴風翁物売物貰図譜 江戸篇』太平書屋，1983 年より
図 1-3　寛政年間の『摂津名所図会』巻 8 より
図 1-4　都の錦『沖津白波』4「石川五右衛門渡世の事」1703 年（『日本名著全集 第九巻　浮世草子集』日本名著全集刊行会，1928 年）より
図 1-5　井原西鶴『世間胸算用』巻 1 の 3「伊勢海老は春の栬」（『日本古典文学全集　井原西鶴集 3』小学館，1980 年）より
図 1-6　中村愓斎編『訓蒙図彙』巻 14，12 丁表，1666 年より
図 1-7　（右）古谷知新編『滑稽絵本全集』上巻，文芸書院，1919 年より．（左）河鍋狂斎画，河鍋楠美編『狂斎画譜』暁斎記念館，1985 年より
図 1-8　櫛田順子撮影，2015 年 4 月 4 日
図 1-9　『河鍋暁斎研究誌　暁斎』第 119 号，公益財団法人河鍋暁斎記念美術館，2016 年 5 月

Ⅱ　関東の茹で蛸・関西の生蛸

図 2-1　櫛田順子撮影
図 2-2〜2-4　櫛田仁美撮影，2021 年 7 月 17 日
図 2-5　八文字自笑『傾城禁短気』巻 6，第 3 話「不審を打たる太鼓の善悪」1711 年，挿絵（前掲『浮世草子集』）より
図 2-6　『人倫訓蒙図彙』巻 2「料理人」1690 年（朝倉治彦校注『人倫訓蒙図彙』ワイド版東洋文庫，2008 年）より
図 2-7　櫛田順子撮影，2021 年
図 2-8　編集部撮影
図 2-9　筆者撮影，1989 年 10 月
図 2-10　櫛田仁美撮影，2021 年 7 月 17 日
図 2-11，2-12　櫛田仁美撮影，2021 年 6 月 24 日
図 2-13　筆者撮影

可児弘明
1932年，千葉県市川市生まれ．慶應義塾大学名誉教授．専門は東洋史．民俗学，社会史，華僑華人研究．
慶應義塾大学文学部卒業後，同大学院文学研究科博士課程修了．香港中文大学新亜研究所助理研究員を経て，慶應義塾大学教授．同大学退職後，敬愛大学国際学部教授．1965～73年にかけて香港中文大学にて調査活動．79～80年にUCLA等にてアメリカ華僑の調査．その他，台湾，シンガポール，マレーシア，タイなどで華人伝統文化を調査する．1969年，『香港艇家的研究』にて第5回澁澤賞(日本民族学会，現在は日本文化人類学会)を受賞．
主著――『鵜飼』(中公新書，1999年)，『香港の水上居民』(岩波新書，1970年)，『近代中国の苦力と「豬花」』(岩波書店，1979年)，『シンガポール 海峡都市の風景』(岩波書店，1985年)など．

カニ先生の タコペディアにっぽん

2025年4月4日　第1刷発行

著　者　可児弘明《かにひろあき》

発行者　坂本政謙

発行所　株式会社 岩波書店
〒101-8002 東京都千代田区一ツ橋 2-5-5
電話案内 03-5210-4000
https://www.iwanami.co.jp/

印刷・理想社　カバー・半七印刷　製本・牧製本

ISBN 978-4-00-061692-8　　Printed in Japan

大図解 九龍城 可児弘明 監修 九龍城探検隊 写真・文 寺澤一美 絵 B4判四八頁 定価三八五〇円

エビと日本人 村井吉敬 岩波新書 定価九〇二円

エビと日本人II ——暮らしのなかのグローバル化 村井吉敬 岩波新書 定価九〇二円

魚と日本人 食と職の経済学 濱田武士 岩波新書 定価九〇二円

〈動物をえがく〉人類学 ——人はなぜ動物にひかれるのか 山口未花子 石倉敏明 盛口満 編著 A5判二八六頁 定価三七四〇円

江戸にラクダがやって来た ——日本人と異国・自国の形象 川添裕 四六判三七四頁 定価三一九〇円

岩波書店刊

定価は消費税10%込です
2025年4月現在